INVENTAIRE
V 28156

V

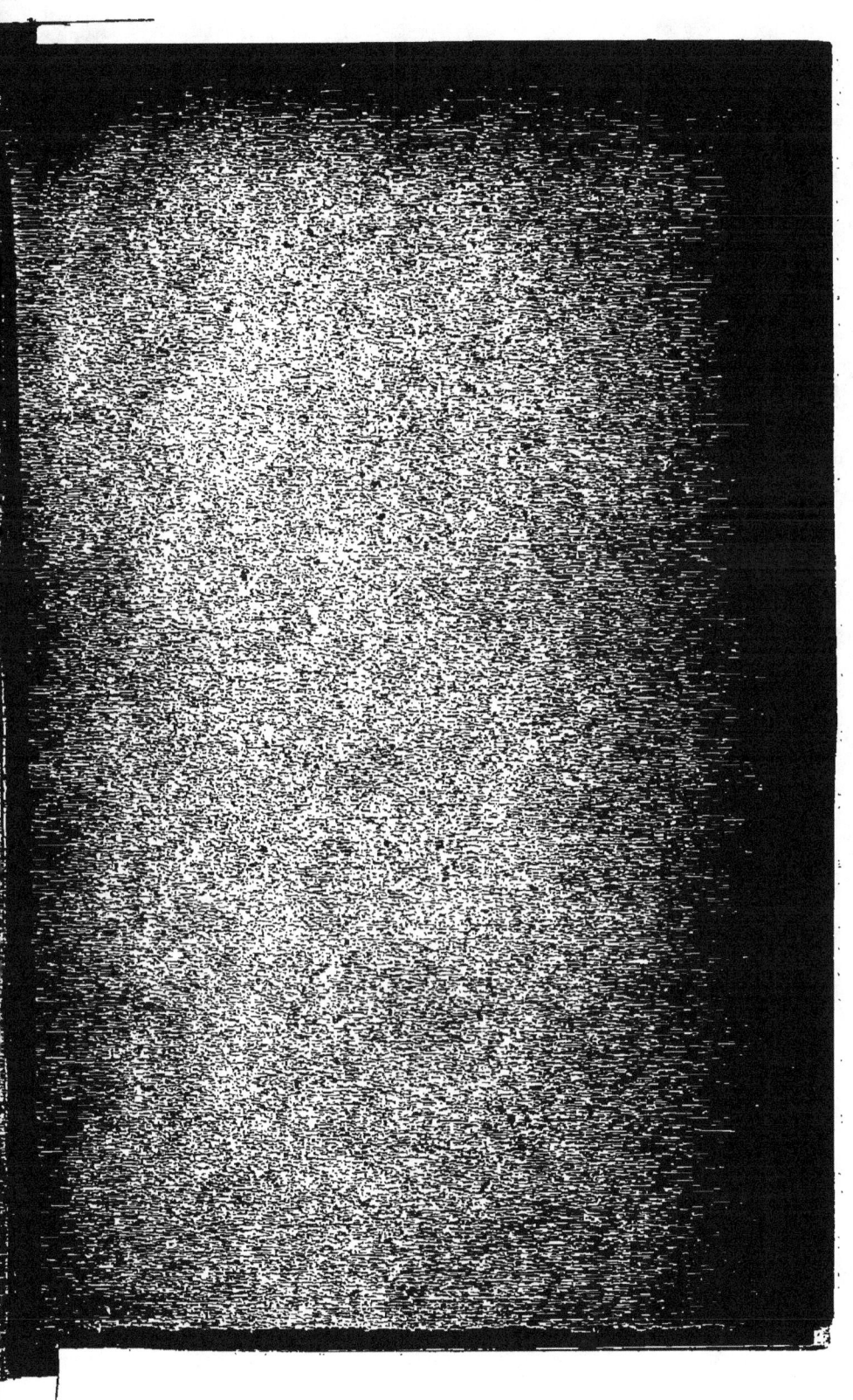

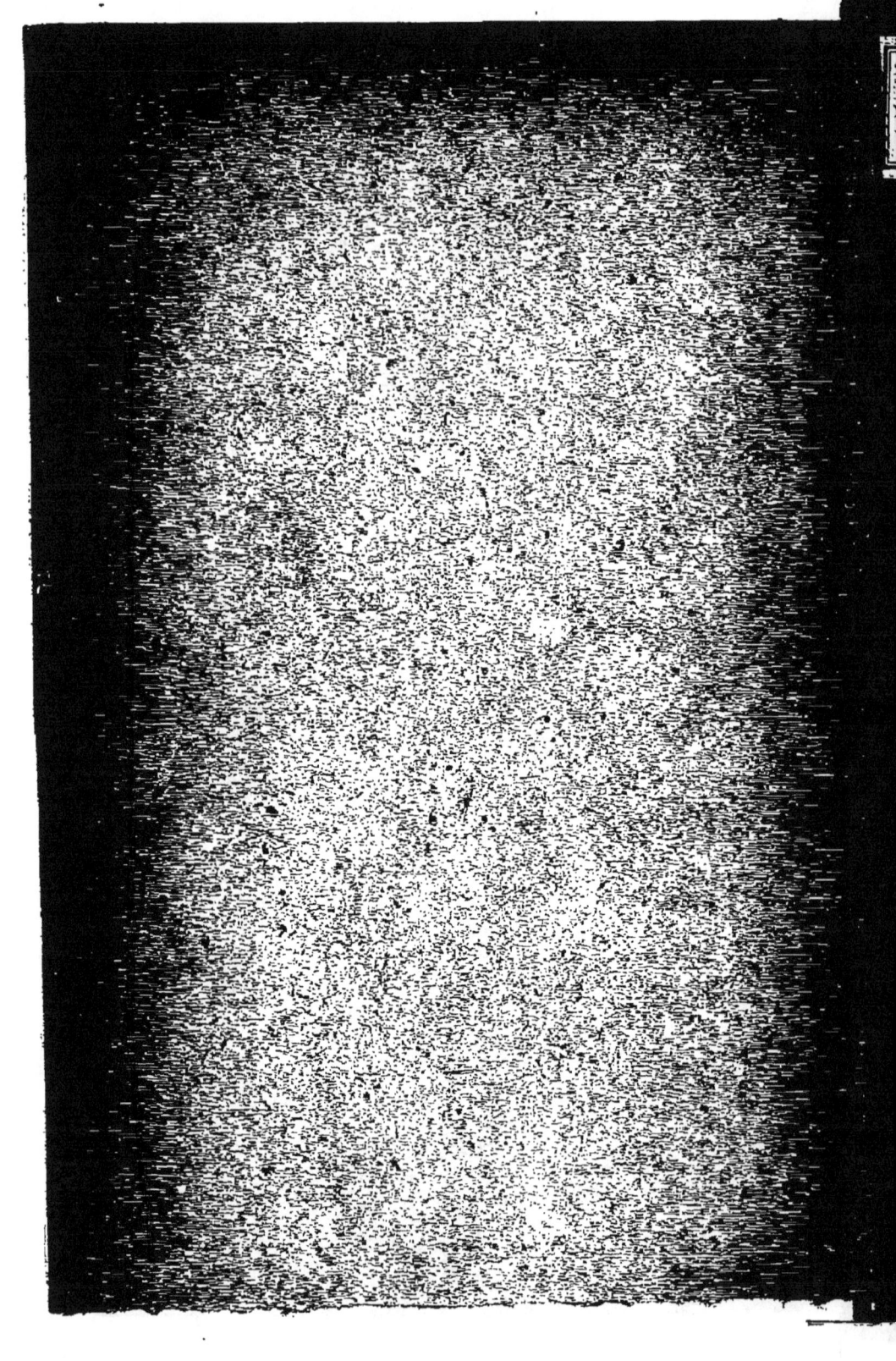

INVENTAIRE
V 28,156

V
2734
Dcq 7

PRÉVISION DU TEMPS

ALMANACH
ET
CALENDRIER MÉTÉOROLOGIQUE
POUR
L'ANNÉE 1872,

A L'USAGE

DE L'HOMME DES MERS ET DE L'HOMME DES CHAMPS;

PAR

F.-V. RASPAIL.

PARIS	BRUXELLES
CHEZ L'ÉDITEUR DES OUVRAGES de M. Raspail,	A L'OFFICE DE PUBLICITÉ, LIBRAIRIE NOUVELLE
14, RUE DU TEMPLE, 14 (près de l'Hôtel-de-Ville).	46, rue de la Madeleine, 46.

1871

AVERTISSEMENT

L'*Almanach* reparaît après une intermittence d'une année, aussi longue qu'un siècle ; car cette seule année a résumé, sur la France, jusque-là si belle, toutes les horreurs qu'y avaient jetées Attila, le *fléau de Dieu*, avec ses Huns ; le prince de Galles avec ses Anglais ; la noblesse enfin victorieuse des *jacques* ou paysans révoltés contre ses impitoyables exactions ; la Saint-Barthélemy avec les égorgeurs du pape ; Louis XIV contre les Cévennois avec ses *dragonnades* ; 93 avec sa Terreur armée par les jésuites ; et 1815 avec Blucher, tant de fois battu par le vrai Bonaparte, Blucher, aidé des enfants de Loyola. Tous ces fléaux de la liberté se sont accumulés sur nos têtes, en cette année néfaste ; et nous avons vu le Prussien, doublé de vingt hobereaux allemands, lequel, sans être un Attila (qui, lui, savait se battre), s'attribue la victoire, après avoir laissé deux cent mille hommes de son armée sur nos champs de bataille, en dépit de la décrépitude de nos généraux et par le courage seul de nos citoyens improvisés soldats !

Et ensuite est survenue (horreur ! trois fois horreur !) la plus impie des guerres civiles... Ici je m'arrête et mets un point.

Où trouver le moyen de travailler, au milieu de tous ces désastres et de ces ruines : et où trouver des lecteurs d'un livre sur la *pluie* et le *beau temps*, au sein de ces bivouacs de gens luttant contre le sommeil et la gelée? On souffrait au fond des caves, on pâtissait, on demandait en vain, à tous les échos, des nouvelles de sa famille disséminée dans les divers combats (*), et l'on versait des larmes amères sur le sort nouveau de l'humanité.

Et de ce cataclysme est issue une seconde fois la République!

En 1848, je la proclamai, en tête du peuple, sur la place de Grève, quoique le gouvernement provisoire ne renfermât que des ennemis acharnés de la République; et cette fois la République a duré depuis le 24 février jusqu'au sanglant parjure de l'aventurier du 2 décembre.

Or, cette fois encore, vous l'avez proclamée, sans que l'Assemblée ait un seul républicain avéré! La République se glisse entre tous les obstacles et prend ses présidents un peu partout, même le premier venu de ses plus grands ennemis.

Respect dès lors au président de la République, quel qu'il soit! à une condition : qu'il ne la trahisse pas.

(*) Toute ma famille était à cette époque occupée à servir sa patrie : mon fils CAMILLE, médecin, en qualité de commandant de l'artillerie et de médecin des ambulances; mon fils ÉMILE, comme capitaine dans la garde nationale et secrétaire de la commission des barricades; mon fils XAVIER, parti chirurgien d'ambulances, à la suite de la débâcle de Sedan, et passant de là médecin aide-major dans le régiment des Éclaireurs de la Seine (colonel Mocquard), régiment toujours au feu et qui a rendu au Havre et à Rouen les mêmes services que Faidherbe dans la Somme et le Nord et Garibaldi à Dijon et Autun, pendant que notre brave gouvernement de la défense nationale s'amusait à faire sonner la retraite à nos troupes chaque fois victorieuses; enfin mon quatrième fils, BENJAMIN, qui est amputé d'une jambe, avait amené les généraux de Paris à mettre à couvert la vallée de la Bièvre, en reliant, par une tranchée, les Hautes-Bruyères au chemin de fer, et en établissant dans le parc quatre pièces de canon, qui ont maintenu les Bavarois cachés derrière Bourg-la-Reine.

Mais pour cela que faut-il ?... Que vous le vouliez !

Cela dépend de vous tous, qui êtes les souverains de la République et de son président.

La République est le seul gouvernement digne de ce nom ; la République seule et sans aucun autre nom ou adjectif, sans un autre drapeau ! Tous les adjectifs dont vous voudriez l'enrichir ne font que la ronger et l'appauvrir ; ce sont les jésuites, ces tueurs du progrès, qui inventent ces noms ajoutés, lesquels, à la longue, formeraient un chapelet sans fin qui aboutirait à l'anéantir dans l'ancien chaos de la royauté, qui n'a ni foi ni loi.

La République, au contraire, c'est le progrès ; elle permet tout ce qui est bien, elle proscrit tout ce qui est mal et contraire à l'humanité ; elle proclame la puissance incessante du travail, elle honore le travailleur dans sa spécialité ; elle veut que qui consomme produise. Elle dit : Croyez ce qui vous paraîtra juste ; mais ne faites d'aucune croyance un article de loi, autrement dit de foi. Exigez que tout citoyen observe les lois inviolables de la nature et qu'il soit uni à celle qui pourra le rendre père de nouveaux citoyens ; le mariage prévient ou met fin au libertinage, qui use les forces au détriment de la patrie et de la santé, c'est-à-dire, de la reproduction et du travail.

Aussi, avant tout, abolition de la peine de mort et de la souffrance légale ; abolition des armées permanentes : que tout citoyen soit soldat à ses frais ; plus de douanes, un seul impôt sur le revenu ; et vous ferez ainsi une économie de deux milliards, et, comme dans certains cantons suisses, vous aurez des années sans impôt.

Tout cela vous le pouvez, si vous le voulez TOUS ensemble ; c'est-à-dire, par le SUFFRAGE UNIVERSEL.

Surtout soyez moraux et probes ; là est le nœud.

Arrivons maintenant à l'*Almanach de* 1872 :

Dans les *Almanachs météorologiques* que je publie depuis 1865, j'ai mis à la portée du public l'application des grandes idées de réformes météorologiques, et j'ai été assez heureux de voir que ce n'est pas en pure perte.

Les ouvriers instruits comptent entre eux par le *système républicain*, si simple et si facile, qui est, après le *système métrique*, le plus bel héritage qui nous soit resté de la première époque de notre grande rénovation sociale.

La plupart des journaux de province, imitant la préférence des ouvriers ou cédant à leurs instances, ont adopté la méthode de faire marcher de front, en tête de leurs numéros, d'un côté, les indications du *calendrier grégorien*, si absurde dans son mélange de légendes de saints hypothétiques et de souvenirs du paganisme, et, de l'autre côté, les indications de l'année, des mois et jours du *calendrier républicain*. Je désire que bientôt le dernier calendrier nous débarrasse du premier ; et dorénavant, dans les lettres que j'aurai à répondre, je ne daterai plus que d'après le calendrier de la grande *République française* ; ce que n'a pas osé faire notre petit semblant de *République* de 1848, qu'ont exploitée à leur profit, dès le lendemain de sa proclamation, les jésuites, cette plaie honteuse de l'humanité... Je lui en avais pourtant donné l'exemple dans mes *deux Almanachs* de 1849 et 1850.

Mais que pouvait alors la voix d'un prisonnier politique auprès de la bande de traîtres de nos premiers combats sous Louis-Philippe Ier et dernier, s'il plaît à Dieu ?

Nouveau malheur ! aujourd'hui que la République est de nouveau proclamée, nos journaux ont de nouveau pris peur du calendrier républicain ; attendons que la venette leur passe.

Dans l'*Introduction explicative* de l'*Almanach* de 1865, j'ai réentrepris de démontrer la supériorité incontestable du *calendrier républicain* sur le *calen-*

— 7 —

drier grégorien, et les inconséquences de celui-ci.

Napoléon Ier eut le tort impardonnable de le rétablir, par suite du bien plus impardonnable rapport du sénateur Laplace, qui avait juré haine à mort à la royauté, en venant à la barre de la Convention nationale.

J'ai continué ce chapitre dans l'*Introduction* des Almanachs de 1866 et 1867 ; et, dans les *Notions préliminaires* de 1869, j'ai tâché d'expliquer le *comput ecclésiastique* avec ses variations annuelles (*).

Notre *Avertissement*, cette année, sera court, ce qui nous laissera de la place pour augmenter le texte. Nous conseillons à nos lecteurs de noter chaque jour les observations particulières à leurs localités, sur la marge de l'un ou de l'autre des deux tableaux de calendrier que renferme ce livre ; ces observations pourront leur être utiles ainsi qu'à nous.

(†) On peut se procurer des exemplaires de ces divers calendriers à la librairie, *rue du Temple*, 14, *à Paris*.

Nº I.

L'année bissextile (*) 1872 correspond :

Aux neuf derniers mois de l'année LXXX et aux trois premiers de l'année LXXXI de l'ère républicaine, qui a commencé le 22 septembre 1792 à minuit ;

A l'année 6585 de la période julienne ;

A l'an 2648 des Olympiades ou la 4ᵉ année de la 662ᵉ Olympiade (**) ;

(*) L'année solaire, c'est-à-dire le temps que met le soleil à revenir au même point du ciel, étant de 365 jours, plus 6 heures environ, la somme de ces 6 heures forme un jour, à peu de chose près, tous les 4 ans. Les Romains ayant intercalé ce jour à la suite du sixième jour des Calendes (ou avant les Calendes) de février, qui correspond à notre 24 février, sans intervertir l'ordre des jours suivants, ce mois eut deux fois un sixième jour, d'où le mois fut appelé *bissextilis* (de *bis*, deux fois, et *sextilis*, sixième), ce qui fit prendre à l'année où tombait un pareil mois le même nom de *bissextile*, c'est-à-dire année distinguée par un pareil mois. Le Calendrier grégorien ayant placé ce jour intercalaire à la fin du mois de février, qui se compose cette année-là de 29 jours, le mot de *bissextile* n'a plus de signification propre, si ce n'est en pensant que, chez les peuples qui se servent de la numérotation arabe, le chiffre désignant le nombre de jours de cette année se termine par deux six, 366. Le Calendrier républicain a placé ce jour intercalaire à la fin de l'année ; il est ainsi le sixième des jours complémentaires, d'où l'année prend l'épithète de *sextile*, c'est-à-dire année dont les jours complémentaires, ordinairement au nombre de 5, sont cette fois au nombre de 6. L'expression sextile a le mérite de rappeler l'ancienne et d'être exacte et significative en même temps.

(**) OLYMPIADE, espace de quatre ans entiers entre deux jeux olympiques, dans l'ancienne Grèce. La chronologie comptait par Olympiade et par quart d'Olympiade (1ʳᵉ année, 2ᵉ année, 3ᵉ année et 4ᵉ année de telle ou telle Olympiade). Les Romains comptaient par LUSTRE, espace de cinq ans compris entre deux

A l'an 2625 de la fondation de Rome ;
A l'an 1288 des Turcs ou de l'Hégyre (*) qui commence le 13 mars 1871, et l'année 1289 commence le 11 mars 1872.

N° II.

COMPUT ECCLÉSIASTIQUE.		QUATRE-TEMPS.	
Nombre d'or.	11	Février	21, 23 et 24
Épacte	xx	Mai	22, 24 et 25
Cycle solaire	5	Septembre	18, 20 et 21
Indiction romaine	15	Décembre	18, 20 et 21
Lettre dominicale	G F		

FÊTES MOBILES.

Septuagésime	28 janvier.	Pentecôte	19 mai.
Cendres	14 février.	Trinité	26 mai.
Pâques (**)	31 mars.	Fête-Dieu	30 mai.
Rogations	6, 7 et 8 mai.	1er dimanche	
Ascension	9 mai.	de l'Avent,	1er décembre.

époques expiatoires. Notre langue, toujours un peu prétentieuse et académique dans son exquise politesse, a retenu cette locution abréviative, pour désigner un âge qui n'est plus le printemps et qui n'est pas encore l'automne : « *J'ai huit lustres* » dispense de dire : « *J'ai quarante ans* »; l'énigme est un faux-fuyant qui retarde l'aveu.

(*) D'où est venu notre mot d'*ère*. HÉGYRE, en arabe, signifie *fuite*, c'est-à-dire, le jour de la fuite de Mahomet, qui, persécuté à la Mecque, commença sa mission en se retirant à *Yatreb*, aujourd'hui *Médine*.

(**) La Pâque des Israélites ou la fête de la pleine lune (P. L.) la plus proche de l'équinoxe du printemps, tombe, cette année, le lundi, 25 mars 1872. Les chrétiens ne la célèbrent que le dimanche suivant, qui, cette année, tombe le 31 mars. La raison en est qu'ils ne veulent pas célébrer cette fête le même jour que les Juifs, leurs grands pères. Caprices de la haine

N° III.

COMMENCEMENT DES QUATRE SAISONS EN 1872.

Printemps. le 20 mars, à 7 h. 6 m. du matin.
Été...... le 21 juin, à 3 h. 41 m. du matin. } temps
Automne.. le 22 septembre à 6 h. 2 m. du soir. } moyen
Hiver..... le 21 décembre à 0 h. 2 m. du soir. } de Paris.

N° IV.

Il y aura, en 1872, deux éclipses de soleil et deux éclipses de lune :

1°, éclipse partielle de lune visible à Paris, le

d'intolérance, qui est aveugle comme toutes les haines ! Ils veulent célébrer la pâque de la même manière que l'a célébrée Jésus de Nazareth, qui est né et mort Juif; or, Jésus l'a célébrée, toute sa vie, le 14 de la lune de mars, et ne l'a jamais renvoyée au samedi suivant qui était le dimanche des Juifs et le sien. Que voulez-vous ? les religions ne raisonnent pas; l'arbitraire en est l'essence. Jésus s'est fait faire une ablution par Jean, qui était Juif; nous avons élevé cette action à la dignité de sacrement. Il s'est fait circoncire, et, dans certaines églises, on a longtemps conservé le culte du prépuce, ou produit de sa circoncision; or les chrétiens ont la circoncision en horreur. Pourquoi maudire la circoncision et adorer en même temps Jésus, qui s'honora d'être circoncis ? Par la même raison qu'on croit à l'Ancien Testament, et qu'on a longtemps condamné aux bûchers ceux de qui nous tenons la lettre et le sens de ces livres, ainsi que la foi aveugle en ces légendes. Quand donc les hommes adoreront-ils Dieu en toute humilité, chacun à sa manière, dans le langage de son cœur, et sans faire un crime à personne de la façon particulière dont il l'adore autrement ? La vie humaine ne sera jusque-là qu'un féroce et stupide combat ou une arène de discussions oiseuses et stériles.

22 mai 1872; de 9 h. 19 m. 2 du soir, à 1 h. 85 m. 9, 2 du matin, pour l'entrée et la sortie de la pénombre, si vous pouvez la distinguer; de 10 h. 50 m. pour l'entrée dans l'ombre et minuit 4 m. 9 pour la sortie de l'ombre ;

2º, éclipse annulaire du soleil, invisible à Paris, le 5 juin 1872 ;

3º, éclipse partielle de la lune, visible à Paris, le 15 novembre 1872 ; de 3 h. 11 m. à 7 h. 46 m. du matin pour l'entrée et la sortie de la pénombre; de 5 h. 11 m. pour l'entrée dans l'ombre et 5 h. 46 m. pour la sortie de l'ombre ;

4º, éclipse totale du soleil, invisible à Paris, le 30 novembre 1872.

Nº V.

EXPLICATION DES ABRÉVIATIONS ET SIGNIFICATION DES MOTS EMPLOYÉS DANS LES DIVERS CALENDRIERS DE CE LIVRE.

Conjug. — CONJUGAISON, époque à laquelle la lune et le soleil sont dans le plan du même degré de latitude terrestre, c'est-à-dire au même degré de déclinaison.

Eq. L. — ÉQUILUNE, époque à laquelle la lune se trouve sur la ligne équinoxiale ou équateur, c'est-à-dire à 0º de déclinaison.

Équinoxe. — Époque à laquelle le soleil se trouve sur la ligne équinoxiale, c'est-à-dire à 0º de déclinaison, de manière que les nuits (*noctes*) soient égales (æquæ) aux jours. Le soleil passe deux fois chaque année sur cette ligne ; l'une qui détermine le commencement de la saison du printemps (*équinoxe du printemps*) et l'autre celui de la saison d'automne (*équinoxe d'automne*).

L. A. — LUNESTICE AUSTRAL, époque à laquelle la lune a atteint son plus haut dégré de déclinaison ou sa plus grande distance de l'équateur, dans la région australe du ciel.

L. B. — LUNESTICE BORÉAL, époque à laquelle la lune a atteint son plus haut degré de déclinaison ou sa plus grande distance de l'équateur, dans la région boréale du ciel.

N. L. — NOUVELLE LUNE (*néoménie*), lune en conjonction avec le soleil ; époque où la lune et le soleil se trouvent sur la même longitude.

P. L. — PLEINE LUNE, lune en opposition diamétrale avec le soleil, c'est-à-dire se trouvant à 180° de la longitude du soleil.

N. B. On appelle ces deux phases les Syzygies.

P. Q. — PREMIER QUARTIER, époque où la lune passe au méridien à 6^h du soir, et où sa moitié éclairée regarde le couchant.

D. Q. — DERNIER QUARTIER, époque où la lune passe au méridien à 6^h du matin et où sa moitié éclairée regarde le levant.

N. B. Dans les QUARTIERS, les longitudes de la lune et du soleil diffèrent de 90° : on les appelle aussi les QUADRATURES, vu que la distance de 90° est le quart du cercle divisé en 360°.

SOLSTICE. — Époque où le soleil a atteint son plus grand degré de déclinaison, c'est-à-dire sa plus grande distance de la ligne équinoxiale, soit dans la région boréale (*solstice d'été* où commence la saison de l'été); soit dans la région australe (*solstice d'hiver* où commence la saison de l'hiver).

APOGÉE. — Époque où le soleil et la lune sont à leur plus grande distance de la terre.

PÉRIGÉE. — Époque où le soleil et la lune sont à leur moindre distance de la terre. Dans le Calendrier météorologique, ces deux indications ne s'appliquent qu'à la lune. Les périgées et apogées reviennent à peu près aux mêmes époques de l'année solaire tous les 9 ans, ou mieux tous les 18 ans.

j. = Jour.

h. = Heure.

m. = Minute.

° (en haut d'un chiffre) = Degré de la division adoptée pour la mesure du cercle ou d'un instrument météorologique. — Exemples : 20° de latitude = vingtième degré du cercle méridien divisé en 360 parties égales; 20° centigrade = vingtième degré du tube thermométrique sur lequel la distance du point de la glace fondante au point d'ébullition a été divisée en cent parties égales.

PHASES. — Ce mot, qui signifie en grec *apparences*,

— 14 —

sert à désigner les *syzygies* et les *quadratures*, ces quatre principaux aspects de la lune.

Points lunaires. — Ce mot désigne, outre la conjugaison, les positions de la lune qui sont analogues aux équinoxes et aux solstices.

Bar. — Baromètre, instrument destiné à mesurer la hauteur ou pesanteur de la colonne ou cône atmosphérique, par la hauteur de la colonne de mercure qui lui fait contre-poids (du grec *baros* pesanteur et *metron* mesure).

Ther. — Thermomètre, instrument destiné à évaluer l'élévation ou l'abaissement de la température de l'air (de *thermè* chaleur et *metron* mesure).

Météorologique (Calendrier). — Partie du calendrier qui indique les phases et les points lunaires, comme points de repère pour prévoir avec une certaine probabilité les changements et phénomènes atmosphériques.

Mois solaire. — Nombre de jours variable de 28 à 31 dans le Calendrier grégorien ou Calendrier catholique, et invariable (de 30 jours) dans le Calendrier républicain.

Mois lunaire synodique. — Nombre de jours et heures que la lune met à revenir en conjonction avec le soleil; ces mois lunaires sont presque alternativement de 29 et de 30 jours dans les calendriers, vu que le mois synodique est de 29 jours $12^h\ 44^m$ environ.

Mois lunaire périodique. — Nombre de jours et heures que la lune met à faire le tour du zodiaque, c'est-à-dire à revenir au point du zodiaque d'où elle était partie. Ce mois est de 27 jours 7ʰ 45ᵐ environ. C'est pour nous le vrai mois météorologique, celui qui reproduit aux mêmes époques les mêmes dépressions atmosphériques, c'est-à-dire qui détermine les mêmes tendances à l'élévation ou à l'abaissement de la colonne barométrique. Il est rationnel de le compter d'un lunestice austral (L. A.) à l'autre. Les lunestices reviennent, à peu près, aux mêmes époques de l'année solaire, tous les 19 ans.

AXIOMES DE MÉTÉOROLOGIE

POUR L'INTELLIGENCE DE L'ALMANACH MÉTÉOROLOGIQUE (*).

1° Les phénomènes météorologiques découlent tous de la compression que les atmosphères éthérées, spécialement celles de la lune et du soleil, et accessoirement celles des autres planètes, exercent, en parcourant leur orbite, sur l'atmosphère éthérée de notre globe;

2° La colonne barométrique donne, pour ainsi dire, la mesure de ces compressions;

3° Les nuages arrivent dès que le baromètre baisse ou se maintient au même niveau; ils se séparent et disparaissent dès que le baromètre monte;

4° En descendant dans les couches inférieures de notre atmosphère et en se rapprochant de nous, ils semblent arriver et grandir d'un instant à l'autre; en s'élevant dans l'atmosphère, ils semblent se rapetisser et disparaître;

5° La tendance de la colonne barométrique à monter se manifeste depuis chaque *équilune* (Eq. L.) à l'un ou l'autre *lunestice* (L. A. ou L. B.); la tendance de la colonne barométrique à descendre a lieu de chaque *lunestice* à l'*équilune*; cependant en hiver la marche descendante se continue quelque temps après l'équilune vers le lunestice austral;

6° La marche ascendante ou descendante de la colonne barométrique est interrompue par les quartiers (P. Q. et D. Q.) de la lune et la descendante par les syzygies (N. L. et P. L.);

(*) Ces axiomes sont les applications pratiques des principes du NOUVEAU SYSTÈME DE MÉTÉOROLOGIE que nous avons développés dans la *Revue complémentaire des sciences appliquées*, de 1854 à 1860, et dont nous avons donné un ample résumé dans les trois almanachs qui précèdent celui de l'année 1868. — Nous y renvoyons nos lecteurs.

7º La colonne barométrique descend un à deux jours avant, et un à deux jours après les syzygies, beaucoup plus bas à la nouvelle lune (N. L.) qu'à la pleine lune (P. L.);

8º Les *périgées* de la lune et du soleil accroissent la tendance à la baisse de la colonne barométrique, et les *apogées* la tendance à la hausse. De là vient qu'en hiver, et du fait du soleil, le mauvais temps est presque la règle générale, et le beau temps en été; le soleil arrive l'hiver à son périgée, et l'été à son apogée. Il en est de même de l'influence des *périgées* et des *apogées* de la lune, qui se succèdent chaque mois; car le mois est l'année de la lune. Les périgées de la lune augmentent l'intensité du mauvais temps et diminuent l'intensité du beau. Les apogées de la lune ajoutent au caractère du beau et diminuent l'intensité du mauvais;

9º Il survient un changement de temps et une interruption à l'ascension et à l'abaissement de la colonne barométrique tous les trois jours, durée de la vague atmosphérique;

10º Le baromètre descend également à l'époque de la *conjugaison* (conjug.);

11º Il faut s'attendre à de grandes tempêtes quand les deux astres marchent à la fois de l'équilune (Éq. L.) au lunestice austral (L. A.), et quand l'équilune (Éq. L.) correspond aux syzygies, surtout aux équinoxes;

12º Les différences qu'on pourra observer entre les phénomènes météorologiques de l'année 1872 et les observations de l'année 1815, année correspondante de 1872 dans la période lunaire de 19 ans, tiennent d'abord à la différence des *périgées* et des *apogées*, qui ne concordent que tous les 9 ans, mais surtout à l'apparition d'une comète pendant l'une ou l'autre de ces deux années. L'apparition d'une comète amène, en général, une chaleur et une sécheresse exceptionnelles, causes d'épidémie et de choléra, et sa disparition des pluies diluviennes;

13º Quand vous verrez le baromètre continuer à baisser sans apparition de nuages, l'horizon se charger d'un brouillard sec et chaleureux, les nuages monter, fondre en l'air et disparaître à mesure qu'ils arrivent, prononcez hardiment qu'il apparaît une comète, et l'événement confirmera votre prédiction.

N° VI.

CONCORDANCE

ou

TRIPLE CALENDRIER

GRÉGORIEN

RÉPUBLICAIN

ET

MÉTÉOROLOGIQUE (*)

POUR L'ANNÉE 1872

(*) Le *Calendrier grégorien* est le calendrier légal en France depuis 1806. Le *Calendrier républicain* a été le calendrier légal de 1792, ou plutôt 1793, jusqu'en 1806, c'est-à-dire pendant près de treize ans d'exercice sur toute l'étendue du territoire français d'alors.

— 19 —

An 1872 CALENDRIER GRÉGORIEN	An LXXX CALENDR. RÉPUBLICAIN ET AGENDA AGRICOLE	J. lunaires	Phases lunaires.	CALENDRIER MÉTÉOROL. Points lunaires et solaires.
JANVIER	**NIVOSE**			
1 lundi, CIRCONCISION.	11 prim. Pois.	21		
2 mardi. s^t. Clair.	12 duodi. Argile.	22		
3 merc. s^{te} Geneviève	13 tridi. Ardoise.	23	D. Q.	Éq. L.
4 jeudi. s^t Rigobert.	14 quart. Grès.	24		
5 vendr. s^t. Siméon.	15 quint. LAPIN.	25		
6 sam. Les Rois.	16 sextidi Silex.	26		
7 dim. s^{te} Mélanie.	17 septidi Marne.	27		
8 lundi. s^t Lucien.	18 octidi. Pierre à ch.	28		Conjug.
9 mardi. s^t Adrien.	19 nonidi Marbre.	29		Périgée.
10 merc. s^t Agathon.	20 DÉCADI VAN.	30	N. L.	L. A.
11 jeudi. s^t Théodore.	21 prim. Pierre à pl.	1		
12 vendr. s^t Arcadius.	22 duodi. Sel.	2		
13 sam. Bapt. de J.-C.	23 tridi. Fer.	3		
14 dim. s^t Hilaire.	24 quart. Cuivre.	4		
15 lundi. s^t Maur.	25 quint. CHAT.	5		
16 mardi. s^t Guillaume.	26 sextidi Étain.	6		Éq. L.
17 merc. s^t Antoine.	27 septidi Plomb.	7	P. Q.	
18 jeudi. Ch. de s^t Pier.	28 octidi. Zinc.	8		
19 vendr. s^t Sulpice.	29 nonidi Mercure.	9		
20 sam. s^t Sébastien.	30 DÉCADI CRIBLE.	10		
	PLUVIOSE			
21 dim. s^{te} Agnès.	1 prim. Lauréole.	11		Apogée.
22 lundi. s^t Vincent.	2 duodi. Mousse.	12		L. B.
23 mardi. s^t Raymond.	3 tridi. Fragon.	13		
24 merc. s^t Thimothée	4 quart. Perce-neige.	14		
25 jeudi. C. de s^t Paul.	5 quint. TAUREAU.	15	P. L.	
26 vend. s^t Polycarpe.	6 sextidi Laur.-thym.	16		
27 sam. s^t J. Chrysost.	7 septidi Amadouvier	17		
28 dim. s^t Charlemag.	8 octidi. Mézéréon.	18		
29 lundi. s^t Fr. de Sal.	9 nonidi Peuplier.	19		
30 mardi. s^{te} Bathilde.	10 DÉCADI COIGNÉE.	20		
31 merc. s^{te} Marcelle.	11 prim. Ellébore.	21		Éq. L.

PHASES LUNAIRES

D. Q. le 3 à 10 h. 8 m. du soir.
N. L. le 10 à 3 h. 7 m. du soir.
P. Q. le 17 à 0 h. 11 m. du soir.
P. L. le 25 à 5 h. 24 m. du soir.

POINTS LUNAIRES

Éq. L. le 3 vers 8 h. soir.
Conjug. le 8 v. 11 mat.
L. A. le 10 vers 2 h. mat.

Éq. L. le 16 v. 8 h. mat.
L. B. le 23 vers 5 h. soir.
Éq. L. le 31 v. 1 h. mat.

An 1872 — An LXXX

CALENDRIER GRÉGORIEN		CALENDR. RÉPUBLICAIN ET AGENDA AGRICOLE			CALENDRIER MÉTÉOROL.		
					J. lunaires	Phases lunaires.	Points lunaires et solaires.
FÉVRIER		**PLUVIOSE**					
1	jeudi.	st Ignace.	12	duodi.	Brocoli.	22	
2	vendr.	PURIFICATION	13	tridi.	Laurier.	23	D. Q.
3	sam.	st Blaise.	14	quart.	Aveline.	24	Conjug.
4	dim.	st Gilbert.	15	quint.	VACHE.	25	
5	lundi.	ste Agathe.	16	sextidi	Buis.	26	L. A.
6	mardi.	st Waast, év.	17	septidi	Lichen.	27	
7	merc.	st Romuald.	18	octidi.	If.	28	Périgée.
8	jeudi.	st Jean de M.	19	nonidi	Pulmonaire.	29	
9	vend.	ste Apolline.	20	DÉCADI	SERPETTE	1	N. L.
10	sam.	steScholastiq.	21	prim.	Thlaspi.	2	
11	dim.	st Séverin.	22	duodi.	Thymélée.	3	Éq. L.
12	lundi.	ste Eulalie.	23	tridi.	Chiendent.	4	
13	mardi.	st Grégoire.	24	quart.	Traînasse.	5	
14	merc.	CENDRES.	25	quint.	LIÈVRE.	6	
15	jeudi.	st Faustin.	26	sextidi	Guède.	7	
16	vendr.	st Flavien.	27	septidi	Noisetier.	8	P. Q.
17	sam.	st Théodule.	28	octidi.	Cyclamen.	9	
18	dim.	st Siméon.	29	nonidi	Chélidoine.	10	L. B.
19	lundi.	st Gabin.	30	DÉCADI	TRAINEAU.	11	Apogée.
			VENTOSE				
20	mardi.	st Éleuthère.	1	prim.	Tussilage.	12	
21	merc.	st Pépin.	2	duodi.	Cornouiller.	13	
22	jeudi.	ste Isabelle.	3	tridi.	Violier.	14	
23	vend.	st Mérant.	4	quart.	Troène.	15	
24	sam.	st Mathias.	5	quint.	Bouc.	16	P. L.
25	dim.	st Nicéphore.	6	sextidi	Asaret.	17	
26	lundi.	st Nestor.	7	septidi	Alaterne.	18	Éq. L.
27	mard.	st Léandre.	8	octidi.	Violette.	19	
28	merc.	ste Honorine.	9	nonidi	Marceau.	20	Conjug.
29	jeudi.	st Romain.	10	DÉCADI	BÊCHE.	21	

PHASES LUNAIRES

D. Q. le 2, à 10 h. 19 m. du matin.
N. L. le 9, à 2 h. 1 m. du mat.
P. Q. le 16, à 6 h. 23 m. du mat.
P. L. le 24, à 11 h. 6 m. du mat.

POINTS LUNAIRES

Conj. le 3, v. 6 h. du mat.
L. A. le 5, vers midi.
Éq. L. le 11, v. 4 h. du s.
L. B. le 18, v. 11 h. du s.

Éq. L. le 26, v. 6 h. du matin.
Conj. le 28, v. 5 h. du s.

An 1872 — CALENDRIER GRÉGORIEN | An LXXX — CALENDR. RÉPUBLICAIN ET AGENDA AGRICOLE | CALENDRIER MÉTÉOROL.

						J. Lunaires	Phases lunaires.	Points lunaires et solaires.
MARS			**VENTOSE**					
1	vendr.	s^t Aubin.	11	prim.	Narcisse.	22		
2	sam.	s^t Simplice.	12	duodi.	Orme.	23	D. Q.	
3	dim.	s^{te} Cunégond.	13	tridi.	Fumeterre.	24		L. A.
4	lundi.	s^t Casimir.	14	quart.	Vélar.	25		
5	mardi.	s^t Théophile.	15	quint.	Chèvre.	26		
6	merc.	s^{te} Collette.	16	sextidi	Épinard.	27		Périgée.
7	jeudi.	s^t Thom. d'A.	17	septidi	Doronic.	28		
8	vendr.	s^t Jean de D.	18	octidi.	Mouron.	29		
9	sam.	s^{te} Françoise.	19	nonidi	Cerfeuil.	30	N. L.	Conjug.
10	dim.	s^{te} Dorothée.	20	DÉCADI	CORDEAU.	1		Éq. L.
11	lundi.	s^t Euloge.	21	prim.	Mandragore	2		
12	mardi.	s^t Grégoire.	22	duodi.	Persil.	3		
13	merc.	s^{te} Euphrasie	23	tridi.	Cochléaria.	4		
14	jeudi.	s^t Lubin, év.	24	quart.	Pâquerette.	5		
15	vendr.	s^t Zacharie.	25	quint.	Tron.-	6		
16	sam.	s^t Cyriaque.	26	sextidi	Pissenlit.	7		L. B.
17	dim.	s^{te} Gertrude.	27	septidi	Sylvie.	8	P. Q.	Apogée.
18	lundi.	s^t Alexandre.	28	octidi.	Capillaire.	9		
19	mardi.	s^t Joseph.	29	nonidi	Frêne.	10		
20	merc.	s^t Joachim.	30	DÉCADI	PLANTOIR.	11		Équinoxe.
			GERMINAL					
21	jeudi.	s^t Benoît, pat.	1	prim.	Primevère.	12		
22	vendr.	s^t Émile.	2	duodi.	Platane.	13		
23	sam.	s^t Victorien.	3	tridi.	Asperge.	14		
24	dim.	s^t Simon, ma.	4	quart.	Tulipe.	15		(Éq. L.
25	lundi.	ANNONCIATION	5	quint.	POULE.	16	P. L.	Conjug.
26	mardi.	s^t Ludger.	6	sextidi	Bette.	17		
27	merc.	s^t Jean, erm.	7	septidi	Bouleau.	18		
28	jeudi.	s^t Gontran.	8	octidi.	Jonquille.	19		
29	vendr.	s^t Marc, év.	9	nonidi	Aulne.	20		
30	sam.	s^t Rieul.	10	DÉCADI	COUVOIR.	21		
31	dim.	PAQUES.	11	prim.	Pervenche.	22		

PHASES LUNAIRES

D. Q. le 2, à 7 h. 38 m. du soir.
N. L. le 9, à 1 h. 3 m. du soir.
P. Q. le 17, à 2 h. 35 m. du mat.
P. L. le 25, à 4 h. 53 m. du mat.

POINTS LUNAIRES

L. A. le 3, vers 7 h. s.
Conjug. le 10, vers 7 h. du matin.
Éq. L. le 11, vers 2 h. m.
L. B. le 17, vers 6 h. m.
Éq. L. le 25, vers midi.
Conj. le 25, vers 2 h. m.

An 1872 — CALENDRIER GRÉGORIEN | An LXXX — CALENDR. RÉPUBLICAIN ET AGENDA AGRICOLE | CALENDRIER MÉTÉOROL.

AVRIL / GERMINAL

								Phases lunaires	Points lunaires et solaires
1	lundi	st Hugues	12	duodi	Charme	23		D. Q.	L. A.
2	mardi	st Franç. de P.	13	tridi	Morille	24			Périgée
3	merc.	st Richard	14	quart.	Hêtre	25			
4	jeudi	st Ambroise	15	quint.	ABEILLE	26			
5	vendr.	st Gérard	16	sextidi	Laitue	27			
6	sam.	ste Prudence	17	septidi	Mélèze	28			
7	dim.	st Romuald	18	octidi	Ciguë	29			Éq. L.
8	lundi	st Edèse	19	nonidi	Radis	1		N. L.	Conjug.
9	mardi	ste Mar. Egy.	20	DÉCADI	RUCHE	2			
10	merc.	st Macaire	21	prim.	Gainier	3			
11	jeudi	st Léon, pape	22	duodi	Romaine	4			
12	vendr.	st Jules, pape	23	tridi	Marronnier	5			
13	sam.	st Marcellin	24	quart.	Roquette	6			
14	dim.	st Tiburce	25	quint.	PIGEON	7			L. B.
15	lundi	st Maxime	26	sextidi	Lilas	8		P. Q.	Apogée
16	mardi	st Paterne	27	septidi	Anémone	9			
17	merc.	st Anicet	28	octidi	Pensée	10			
18	jeudi	st Parfait	29	nonidi	Myrtille	11			
19	vendr.	st Timon	30	DÉCADI	GREFFOIR	12			Conjug.

FLORÉAL

20	sam.	st Théodore	1	prim.	Rose	13			
21	dim.	st Anselme	2	duodi	Chêne	14			Éq. L.
22	lundi	ste Opportune	3	tridi	Fougère	15			
23	mardi	st Georges, m.	4	quart.	Aubépine	16		P. L.	
24	merc.	st Léger	5	quint.	ROSSIGNOL	17			
25	jeudi	st Marc, évan.	6	sextidi	Ancolie	18			
26	vendr.	st Clet, pape	7	septidi	Muguet	19			Périgée
27	sam.	st Polycarpe	8	octidi	Champignon	20			
28	dim.	st Vital, mart.	9	nonidi	Hyacinthe	21			L. A.
29	lundi	st Robert, pap	10	DÉCADI	RATEAU	22			
30	mardi	st Eutrope	11	prim.	Rhubarbe	23		D. Q.	

PHASES LUNAIRES

D. Q. le 1er, à 2 h. 44 m. du mat.
N. L. le 8, à 6 h. 41 m. du mat.
P. Q. le 15, à 10 h. 24 m. du soir.
P. L. le 23, à 1 h. 17 m. du soir.
D. Q. le 30, à 8 h. 30 m. du mat.

POINTS LUNAIRES

L. A. le 1er, v. 1 h. du m.
Éq. L. le 7, v. 11 h. du m.
Conj. le 8, v. 6 h. du soir.
L. B. le 14, v. 2 h. du s.
Conj. le 19, v. 7 h. du s.
Éq. L. le 21, v. 9 h. du s.
L. A. le 28, v. 6 h. du m.

An 1872 — An LXXX

CALENDRIER GRÉGORIEN	CALENDR. RÉPUBLICAIN ET AGENDA AGRICOLE	Climatères	Phases lunaires	CALENDRIER MÉTÉOROL. Points lunaires et solaires.
MAI	**FLORÉAL**			
1 mercr. s^t Jacq. s^t Ph.	12 duodi Sainfoin.	24		
2 jeudi. s^t Athanase.	13 tridi. Bouton d'or.	25		
3 vendr. Inv. Ste Croix.	14 quart. Chamérisier	26		
4 sam. s^{te} Monique.	15 quint. VER A SOIE.	27		Éq. L.
5 dim. C. St August.	16 sextidi Consoude.	28		
6 lundi. *Rogations*.	17 septidi Pimprenelle	29		
7 mardi. s^t Stanislas.	18 octidi. Corb. d'or.	30	N. L.	Conjug.
8 mercr. s^t Désiré, év.	19 nonidi Arroche.	1		
9 jeudi. ASCENSION.	20 DÉCADI SARCLOIR.	2		
10 vendr. s^t Gordien.	21 prim. Statice.	3		
11 sam. s^t Mamert.	22 duodi. Fritillaire.	4		L. B.
12 dim. s^t Epiphane.	23 tridi. Bourrache.	5		Apogée.
13 lundi. s^t Servais.	24 quart. Valériane.	6		
14 mardi. s^t Boniface.	25 quint. CARPE.	7		
15 mercr. s^t Isidore.	26 sextidi Fusain.	8	P. Q.	Conjug.
16 jeudi. s^t Honoré.	27 septidi Civette.	9		
17 vendr. s^t Pascal.	28 octidi. Buglose.	10		
18 sam. s^t Eric, roi.	29 nonidi Sénevé.	11		
19 dim. PENTECÔTE.	30 DÉCADI HOULETTE	12		Éq. L.
	PRAIRIAL			
20 lundi. s^t Bernardin.	1 prim. Luzerne.	13		
21 mardi. s^t Sospice.	2 duodi. Hémérocalle	14		
22 mercr. s^{te} Hélène.	3 tridi. Trèfle.	15	P. L.	
23 jeudi. s^t Didier, év.	4 quart. Angélique.	16		
24 vendr. s^t Donatien.	5 quint. CANARD.	17		Périgée.
25 sam. s^t Urbin.	6 sextidi Mélisse.	18		L. A.
26 dim. TRINITÉ.	7 septidi Fromental.	19		
27 lundi. s^t Hildevert.	8 octidi. Martagon.	20		
28 mardi. s^t Germ., év.	9 nonidi Serpolet.	21		
29 mercr. s^t Maxime.	10 DÉCADI FAUX.	22	D. Q.	
30 jeudi. FÊTE-DIEU.	11 prim. Fraise.	23		
31 vendr. s^{te} Pétronille	12 duodi. Bétoine.	24		Éq. L.

PHASES LUNAIRES	POINTS LUNAIRES	
N. L. le 7, à 1 h. 28 m. du soir.	Éq. L. le 4, vers 6 h. s.	Éq. L. le 19, vers 7 h. m.
P. Q. le 15, à 4 h. 45 m. du soir.	Conj. le 7, vers minuit	L. A. le 25, vers 2 h. s.
P. L. le 22, à 11 h. 18 m. du soir.	L. B. le 11, vers 10 h. s.	Éq. L. le 31, vers minuit
D. Q. le 29, à 2 h. 22 m. du soir.	Conj. le 15, vers 9 h. m.	

An 1872		An LXXX		CALENDRIER MÉTÉOROL.		
CALENDRIER GRÉGORIEN		CALENDR. RÉPUBLICAIN ET AGENDA AGRICOLE		J. lunaires	Phases lunaires	Points lunaires et solaires.

JUIN — PRAIRIAL

1	sam.	st Pamphile.	13 tridi.	Pois.	25	
2	dim.	st Pothin.	14 quart.	Acacia.	26	
3	lundi.	ste Clotilde.	15 quint.	CAILLE.	27	
4	mardi.	st Optat.	16 sextidi	Œillet.	28	
5	mercr.	st Genès.	17 septidi	Sureau.	29	
6	jeudi.	st Claude, év.	18 octidi.	Pavot.	1	N. L.
7	vendr.	st Lié.	19 nonidi	Tilleul.	2	
8	sam.	st Médard.	20 DÉCADI	FOURCHE.	3	L. B.
9	dim.	ste Marianne.	21 primi.	Barbeau.	4	Apogée
10	lundi.	st Landri.	22 duodi.	Camomille.	5	Conjug.
11	mardi.	st Barnab. ap.	23 tridi.	Chèvrefeuil.	6	
12	mercr.	ste Olympe.	24 quart.	Caille-lait.	7	
13	jeudi.	st Ant. de P.	25 quinti.	TANCHE.	8	
14	vendr.	st Rufin.	26 sextidi	Jasmin.	9	P. Q.
15	sam.	st Modeste.	27 septidi	Verveine.	10	Éq. L.
16	dim.	st Fargeau.	28 octidi.	Thym.	11	
17	lundi.	st Avit.	29 nonidi	Pivoine.	12	
18	mardi.	ste Marine, vge	30 DÉCADI	CHARIOT.	13	

MESSIDOR

19	mercr.	st Gervais.	1 prim.	Seigle.	14	
20	jeudi.	st Silvère.	2 duodi.	Avoine.	15	L. A.
21	vendr.	st Leufroi.	3 tridi.	Oignon.	16	P. L. Périgée
22	sam.	st Alban.	4 quart.	Véronique.	17	Solstice
23	dim.	st Jacques.	5 quint.	MULET.	18	
24	lundi.	N. de st J.-B.	6 sextidi	Romarin.	19	
25	mardi.	st Prosper.	7 septidi	Concombre.	20	
26	mercr.	st Babolein.	8 octidi.	Echalote.	21	
27	jeudi.	st Crescent.	9 nonidi	Absinthe.	22	D. Q.
28	vendr.	ste Irénée.	10 DÉCADI	FAUCILLE.	23	Éq. L.
29	sam.	st Pierre st P.	11 prim.	Coriandre.	24	
30	dim.	C. de st Paul.	12 duodi.	Artichaut.	25	

PHASES LUNAIRES

N. L. le 6, à 3 h. 33 m. du matin.
P. Q. le 14, à 7 h. 29 m. du matin.
P. L. le 21, à 7 h. 7 m. du matin.
D. Q. le 27, à 9 h. 37 m. du soir.

POINTS LUNAIRES

L. B. le 8, vers 6 h. du m. L. A. le 21, vers minuit.
Conj. le 10, vers 7 h. m. Éq. L. le 28, vers 5 h. m.
Éq. L. le 15, vers 4 h. s.

An 1872 — CALENDRIER GRÉGORIEN | An LXXX — CALENDR. RÉPUBLICAIN ET AGENDA AGRICOLE | CALENDRIER MÉTÉOROL.

JUILLET — MESSIDOR

Grég.	Jour	Saint	Rép.	Jour	Nom	Lunaire	Phases lunaires	Points lunaires et solaires
1	lundi.	st Léonore.	13	tridi.	Giroflée.	26		
2	mardi	Visit. de la V.	14	quart.	Lavande.	27		
3	merc.	st Anatole, év.	15	quint.	Chamois.	28		
4	jeudi.	ste Berthe.	16	sextidi	Tabac.	29		
5	vendr.	ste Zoé, mart.	17	septidi	Groseille.	30	N. L.	L. B.
6	sam.	st Tranquillin	18	octidi.	Gesse.	1		Apogée.
7	dim.	ste Aubierge.	19	nonidi	Cerise.	2		
8	lundi.	ste Elisabeth	20	décadi	PARC.	3		
9	mardi.	st Cyrille.	21	prim.	Menthe.	4		
10	merc.	ste Félicité.	22	duodi.	Cumin.	5		
11	jeudi.	T. de St Benoît	23	tridi.	Haricot.	6		
12	vendr.	st Gualbert.	24	quart.	Orcanette.	7		Éq. L.
13	sam.	st Gabriel.	25	quint.	Pintade.	8	P. Q.	
14	dim.	st Bonavent.	26	sextidi	Sauge.	9		
15	lundi.	st Henri, emp.	27	septidi	Ail.	10		
16	mardi.	st Eusta., év.	28	octidi.	Vesce.	11		
17	merc.	st Alexis.	29	nonidi	Blé.	12		
18	jeudi.	st Clair.	30	décadi	CHALAMIE.	13		

THERMIDOR

19	vendr.	st Vinc. de P.	1	prim.	Épeautre.	14		L. A.
20	sam.	ste Marguerit.	2	duodi.	Bouillon bl.	15	P. L.	Périgée.
21	dim.	st Victor.	3	tridi.	Melon.	16		
22	lundi.	ste Mar.-Mad.	4	quart.	Ivraie.	17		
23	mardi.	st Apollinaire	5	quint.	Bélier.	18		
24	merc.	ste Christine.	6	sextidi	Prêle.	19		
25	jeudi.	st Jacq. le M.	7	septidi	Armoise.	20		Éq. L.
26	vendr.	T. de St Marcel	8	octidi.	Carthame.	21		
27	sam.	st Pantaléon.	9	nonidi	Mûres.	22	D. Q.	
28	dim.	ste Anne.	10	décadi	ARROSOIR.	23		
29	lundi.	ste Marthe.	11	prim.	Panis.	24		Conjug.
30	mardi.	st Sylvain.	12	duodi.	Salicor.	25		
31	merc.	st Germain.	13	tridi.	Abricot.	26		

PHASES LUNAIRES

N. L. le 5, à 6 h. 31 m. du soir.
P. Q. le 13, à 7 h. 57 m. du soir.
P. L. le 20, à 2 h. 3 m. du soir.
D. Q. le 27, à 7 h. 28 m. du mat.

POINTS LUNAIRES

L. B. le 5, vers midi.
Éq. L. le 12, vers 11 h. s.
L. A. le 19, vers 10 h. m.
Éq. L. le 25, vers midi.
Conjug. le 29, vers 5 h. du matin.

An 1872	An LXXX	CALENDRIER MÉTÉOROL.		
CALENDRIER GRÉGORIEN	CALENDR. RÉPUBLICAIN ET AGENDA AGRICOLE	J. lunaires	Phases lunaires	Points lunaires et solaires

	AOUT		THERMIDOR			
1	jeudi.	ste Sophie.	14 quart.	Basilic.	27		L. B.
2	vendr.	st Etienne, p.	15 quint.	Brebis.	28		Apogée.
3	sam.	st Geoffroy.	16 sextidi	Guimauve.	29		
4	dim.	st Dominique	17 septidi	Lin.	1	N. L.	
5	lundi.	st Yon.	18 octidi.	Amande.	2		Conjug.
6	mardi.	Tr. de N.-S.	19 nonidi	Gentiane.	3		
7	mercr.	st Gaëtan.	20 DÉCADI	ECLUSE.	4		
8	jeudi	st Justin, m.	21 prim.	Carline.	5		
9	vendr.	st Romain.	22 duodi.	Caprier.	6		Éq. L.
10	sam.	st Laurent.	23 tridi.	Lentille.	7		
11	dim.	E. de la Ste C.	24 quart.	Aunée.	8		
12	lundi.	ste Claire, v.	25 quint.	Loutre.	9	P. Q.	
13	mardi.	st Hippolyte.	26 sextidi	Myrthe.	10		
14	mercr.	st Eusèbe.	27 septidi	Colza.	11		
15	jeudi.	Assomption.	28 octidi.	Lupin.	12		L. A.
16	vendr.	st Roch, conf	29 nonidi	Coton.	13		
17	sam.	st Mammès.	30 DÉCADI	MOULIN.	14		Périgée.
				FRUCTIDOR			
18	dim.	ste Hélène, im.	1 prim.	Prune.	15	P. L.	
19	lundi.	st Louis, év.	2 duodi.	Millet.	16		
20	mardi.	st Bernard, a.	3 tridi.	Lycoperde.	17		
21	mercr.	st Privat.	4 quart.	Escourgeon.	18		Éq. L.
22	jeudi.	st Symphor.	5 quint.	Saumon.	19		
23	vendr.	st Sidoine, év.	6 sextidi	Tubéreuse.	20		Conjug.
24	sam.	st Barthélemi	7 septidi	Sucrion.	21		
25	dim.	st Louis, roi.	8 octidi.	Apocynée.	22	D. Q.	
26	lundi.	st Zéphirin.	9 nonidi	Réglisse.	23		
27	mardi.	st Césaire.	10 DÉCADI	ECHELLE.	24		
28	mercr.	st Augustin.	11 prim.	Pastèque.	25		L. B.
29	jeudi.	st Médéric, a.	12 duodi.	Fenouil.	26		Apogée.
30	vendr.	st Fiacre.	13 tridi.	Epine-vinet.	27		
31	sam.	st Ovide.	14 quart.	Noix.	28		

PHASES LUNAIRES	POINTS LUNAIRES	
P. L. le 4, à 9 h. 55 m. du mat.	L. B. le 1, vers midi.	Éq. L. le 21, vers 8 soir
D. Q. le 12, à 0 h. 2 m. du mat.	Conjug. le 5, vers 7 h. du soir.	Conjug. le 23, vers 7 h. du soir.
N. L. le 7, à 5 h. à h. du soir.	Éq. L. le 9, vers 4 du m.	L. B. le 28, vers 10 soir
P. Q. le 15, à 8 h. 41 m. du soir.	L. A. le 15, vers 8 soir	

An 1872	An LXXX		CALENDRIER MÉTÉOROL.	
CALENDRIER GRÉGORIEN	CALENDR. RÉPUBLICAIN ET AGENDA AGRICOLE	j. lunaire	Phases lunaires	Points lunaires et solaires

SEPTEMBRE — FRUCTIDOR

1	dim.	st Lazare.	15	quint.	GOUJON.	29	
2	lundi.	st Antonin.	16	sextidi	Orange.	30	
3	mardi.	st Ambroise.	17	septidi	Cardière.	1	N. L. Conjug.
4	mercr.	ste Rosalie.	18	octidi.	Nerprun.	2	
5	jeudi.	st Bertin, ab.	19	nonidi	Sagette.	3	Éq. L.
6	vendr.	st Eleuth., p.	20	DÉCADI	HOTTE.	4	
7	sam.	st Cloud, pr.	21	prim.	Eglantier.	5	
8	dim.	Nat. de la V.	22	duodi.	Noisette.	6	
9	lundi.	st Omer, év.	23	tridi.	Houblon.	7	
10	mardi.	st Nicolas.	24	quart.	Sorgho.	8	P. Q.
11	mercr.	st Hyacinthe.	25	quint.	ÉCREVISSE.	9	
12	jeudi.	st Raphaël.	26	sextidi	Bigarrade.	10	L. A.
13	vendr.	st Maurille.	27	septidi	Verge d'or.	11	
14	samed.	Ex. de la Cr.	28	octidi.	Maïs.	12	Périgée.
15	dim.	st Nicomède.	29	nonidi	Marron.	13	
16	lundi.	ste Euphémie	30	DÉCADI	CORBEILLE	14	

Jours complém.

17	mardi.	st Lambert.	1	prim.	De la Vertu.	15	P. L. Éq. L.
18	mercr.	st Jean Chr.	2	duodi.	Du Génie.	16	Conjug.
19	jeudi.	st Janvier.	3	tridi.	Du Travail.	17	
20	vendr.	st Eustache.	4	quart.	De l'Opinion	18	
21	sam.	st Mathieu, ap.	5	quint.	Des Récomp.	19	
22	dim.	st Maurice.	6	sextidi	De la Vieil.	20	Équin.

VENDÉM. (An LXXXI).

23	lundi.	ste Thècle.	1	prim.	Raisin.	21	
24	mardi.	st Andoche.	2	duodi.	Safran.	22	D. Q.
25	mercr.	st Firmin, év.	3	tridi.	Châtaigne.	23	L. B.
26	jeudi.	ste Justine.	4	quart.	Colchique.	24	Apogée.
27	vendr.	st Cosme, st D.	5	quint.	CHEVAL.	25	
28	sam.	st Venceslas.	6	sextidi	Balsamine.	26	
29	dim.	st Michel, arc.	7	septidi	Carotte.	27	
30	lundi.	st Jérôme, pr.	8	octidi.	Amaranthe.	28	

PHASES LUNAIRES	POINTS LUNAIRES	
N. L. le 3, à 4 h. 3 m. du mat.	Conjug. le 3, vers min.	Eq. L. le 18, vers 0 h. du matin.
P. Q. le 10, à 2 h. 13 m. du soir.	Eq. L. le 5, vers 9 h. m.	L. B. le 25, vers 5 h. m.
P. L. le 17, à 5 h. 14 m. du mat.	L. A. le 12, vers 3 h. m.	
D. Q. le 24, à 4 h. 34 m. du soir.	Conjug. le 18, vers 1 h. du soir	

— 28 —

An 1872 CALENDRIER GRÉGORIEN		An LXXXI CALENDR. RÉPUBLICAIN ET AGENDA AGRICOLE			J. lunaires	Phases lunaires	CALENDRIER MÉTÉOROL. Points lunaires et solaires.
OCTOBRE			**VENDÉMIAIRE**				
1	mardi.	st Remy, év.	9	nonidi	Panais.	29		
2	mercr.	ss. Anges gar.	10	DÉCADI	CUVE.	30	N. L.	Eq. L.
3	jeudi.	st Denis l'Ar.	11	prim.	Pomme de t.	1		Conjug.
4	vendr.	st Franç. d'As.	12	duodi.	Immortelle.	2		
5	sam.	st Placide.	13	tridi.	Potiron.	3		
6	dim.	st Bruno, ins.	14	quart.	Réséda.	4		
7	lundi.	ste Julie.	15	quint.	ANE.	5		
8	mardi.	st Daniel.	16	sextidi	Belle-de-n.	6		
9	mercr.	st Denis, év.	17	septidi	Citrouille.	7	P. Q.	L. A.
10	jeudi.	st Paulin, év.	18	octidi.	Sarrasin.	8		
11	vendr.	st Nicaise.	19	nonidi	Tournesol.	9		
12	sam.	st Wilfrid.	20	DÉCADI	PRESSOIR.	10		Périgée.
13	dim.	st Géraud, c.	21	prim.	Chanvre.	11		
14	lundi.	st Caliste, p.	22	duodi.	Pêche.	12		Conjug.
15	mardi.	ste Thérèse.	23	tridi.	Navet.	13		Éq. L.
16	mercr.	st Gal, év.	24	quart.	Amaryllis.	14	P. L.	
17	jeudi.	st Florent.	25	quint.	BŒUF.	15		
18	vendr.	st Luc, évan.	26	sextidi	Aubergine.	16		
19	sam.	st Savinien.	27	septidi	Piment.	17		
20	dim.	st Caprais.	28	octidi.	Tomate.	18		
21	lundi.	ste Ursule.	29	nonidi	Orge.	19		
22	mardi.	st Mellon, év.	30	DÉCADI	TONNEAU.	20		L. B.
			BRUMAIRE					
23	mercr.	st Hilarion.	1	prim.	Pomme.	21		Apogée.
24	jeudi.	st Magloire.	2	duodi.	Céleri.	22	D. Q.	
25	vendr.	ss. Crép. et C.	3	tridi.	Poire.	23		
26	sam.	st Evariste.	4	quart.	Betterave.	24		
27	dim.	st Frumence.	5	quint.	OIE.	25		Conjug.
28	lundi.	st Simon.	6	sextidi	Héliotrope.	26		
29	mardi.	st Nicaise.	7	septidi	Figue.	27		Eq. L.
30	mercr.	st Lucain.	8	octidi.	Scorsonère.	28		
31	jeudi.	st Quentin.	9	nonidi	Alizier.	29		

PHASES LUNAIRES	POINTS LUNAIRES	
N. L. le 2, à 3 h. 40 m. soir.	Eq. L. le 2, vers 4 soir.	Eq. L. le 15, vers 4 s
P. Q. le 9, à 9 h. 43 m. soir	Conj. le 3, vers 10 h. du m.	L. B. le 22, vers 1 s
P. L. le 16, à 3 h. 44 m. soir	L. A. le 9, vers 9 mat.	Conj. le 27, vers 3 h. du s.
D. Q. le 24, à 9 h. 3 m. matin	Conj. le 14, vers 8 h. du m.	Eq. L. le 29 vers minuit.

An 1872
CALENDRIER GRÉGORIEN

An LXXXI
CALENDR. RÉPUBLICAIN ET AGENDA AGRICOLE

CALENDRIER MÉTÉOROL.

NOVEMBRE — BRUMAIRE

1	vendr.	TOUSSAINT.	10	DÉCADI	CHARRUE.	1	N. L.		Conjug.
2	sam.	*Trépassés.*	11	prim.	Salsifis.	2			
3	dim.	s^t Marcel, év.	12	duodi.	Mâcre.	3			
4	lundi.	s^t Charles, év.	13	tridi.	Topinamb.	4			
5	mardi.	s^{te} Bertille.	14	quart.	Endive.	5			L. A.
6	mercr.	s^t Léonard.	15	quint.	DINDON.	6			Périgée.
7	jeudi.	s^t Florent.	16	sextidi	Chervis.	7			
8	vendr.	s^{tes} Reliques.	17	septidi	Cresson.	8	P. Q.		
9	sam.	s^t Mathurin.	18	octidi.	Dentelaire.	9			Conjug
10	dim.	s^t Léon, pape	19	nonidi	Grenade.	10			
11	lundi.	s^t Martin, év.	20	DÉCADI	HERSE.	11			Eq. L.
12	mardi.	s^t René.	21	prim.	Bacchante.	12			
13	mercr.	s^t Brice, év.	22	duodi.	Azeroles.	13			
14	jeudi.	s^t Bertrand.	23	tridi.	Garance.	14			
15	vendr.	s^t Eugène.	24	quart.	Orange.	15	P. L.		
16	sam.	s^t Edme, arch.	25	quint.	FAISAN.	16			
17	dim.	s^t Agnan, év.	26	sextidi	Pistache.	17			
18	lundi.	s^t Odon.	27	septidi	Marjonc.	18			L. B.
19	mardi.	s^{te} Elisabeth.	28	octidi.	Coing.	19			
20	mercr.	s^t Edmond, r.	29	nonidi	Cormier.	20			
21	jeudi.	Prés. de la Ve.	30	DÉCADI	ROULEAU.	21			Apogée.

FRIMAIRE

22	vendr.	s^{te} Cécile.	1	prim.	Raiponce.	22			
23	sam.	s^t Clément.	2	duodi.	Turneps.	23	D. Q.		
24	dim.	s^t Séverin.	3	tridi.	Chicorée.	24			
25	lundi.	s^{te} Catherine.	4	quart.	Nèfle.	25			Eq. L.
26	mardi.	s^{te} Victorine.	5	quint.	COCHON.	26			
27	mercr.	s^t Maxime.	6	sextidi	Mâche.	27			
28	jeudi.	s^t Sosthène.	7	septidi	Chou-fleur.	28			
29	vendr.	s^t Saturnin.	8	octidi.	Miel.	29			
30	sam.	s^t André, ap.	9	nonidi	Genièvre.	30	N. L.		Conjug.

PHASES LUNAIRES

N. L. le 4, à 5 h. 38 m. du matin.
P. Q. le 8, à 4 h. 0 m. du matin.
P. L. le 15, à 5 h. 18 m. du matin.
D. Q. le 23, à 5 h. 55 m. du matin.
N. L. le 30, à 6 h. 44 m. du soir.

POINTS LUNAIRES

L. A. le 5, vers 2 h soir.   Conj. le 30 vers 4 h. s.
Conjug. le 9 vers mi.
Eq. L. le 11, vers minuit.
L. B. le 18, vers 10 h s.
Eq. L. le 26, vers 9 h. m.

— 30 —

An 1872	An LXXXI	CALENDRIER MÉTÉOROL.		
CALENDRIER GRÉGORIEN	CALENDR. RÉPUBLICAIN ET AGENDA AGRICOLE	Lunaires	Phases lunaires	Points lunaires et solaires

DÉCEMBRE — FRIMAIRE

1	dim.	1er DE L'AVENT	10	décadi	PIOCHE.	1	
2	lundi	st Franç.-Xav.	11	prim.	Ciré.	2	L. A.
3	mardi	st Fulgence, é.	12	duodi	Raifort.	3	Périgée.
4	mercr.	ste Barbe.	13	tridi	Cèdre.	4	Conjug.
5	jeudi	st Sabbas, év.	14	quart.	Sapin.	5	
6	vendr.	st Nicolas, év.	15	quint.	CHEVREUIL.	6	
7	sam.	ste Faré, vier.	16	sextidi	Ajonc.	7	P. Q.
8	dim.	CONCEPTION.	17	septidi	Cyprès.	8	
9	lundi	ste Gorgonie.	18	octidi	Lierre.	9	Éq. L.
10	mardi	ste Valère, v*.	19	nonidi	Sabine.	10	
11	mercr.	st Fuscien.	20	décadi	HOYAU.	11	
12	jeudi	st Valery.	21	prim.	Érable sucr.	12	
13	vendr	ste Luce, v.em	22	duodi	Bruyère.	13	
14	sam.	st Nicaise, arc.	23	tridi	Roseau.	14	P. L.
15	dim.	st Mesmin.	24	quart.	Oseille.	15	
16	lundi	ste Adélaïde.	25	quint.	GRILLON.	16	L. B.
17	mardi	ste Olympiade	26	sextidi	Pignon.	17	
18	mercr.	st Gatien, év.	27	septidi	Liège.	18	
19	jeudi	st Timoléon.	28	octidi	Truffe.	19	Apogée.
20	vendr.	st Philogone.	29	nonidi	Olive.	20	
21	sam.	st Thomas, ap	30	décadi	PELLE.	21	Solstice

NIVOSE

22	dim.	st Fabien.	1	prim.	Tourbe.	22	
23	lundi	ste Victoire.	2	duodi	Houille.	23	D. Q. Éq. L.
24	mardi	ste Delphine	3	tridi	Bitume.	24	
25	mercr.	NOEL.	4	quart.	Soufre.	25	
26	jeudi	st Etienne, m.	5	quint.	CHIEN.	26	
27	vendr	st Jean, évêq.	6	sextidi	Lave.	27	
28	sam.	ss. Innocents.	7	septidi	Terre végét.	28	
29	dim.	ste Eléonore.	8	octidi	Fumier.	29	N. L.
30	lund.	ste Colombe.	9	nonidi	Salpêtre.	1	L. A.
31	mardi	st Sylvestre.	10	décadi	FLÉAU.	2	Périgée

PHASES LUNAIRES
P. Q. le 7, à 11 h. 15 m. du mat.
P. L. le 14, à 9 h. 53 m. du soir.
D. Q. le 23, à 2 h. 21 m. du mat.
N. L. le 30, à 6 h. 15 m. du mat.

POINTS LUNAIRES
L. A. le 2, vers minuit.
Conjug. le 4, vers minuit.
Eq. L. le 9, vers 6 h. mq.
L. B. le 16, vers 6 h. ms.
Eq. L. le 23, vers 6 h. s.
L. A. le 30, vers 8 h. du matin.

Note sur l'Agenda agricole qui occupe la 6ᵉ colonne du triple Calendrier précédent.

L'*Agenda agricole* est comme la table des matières du cours de physique et d'histoire naturelle, dans ses applications à l'agriculture, que l'instituteur était tenu de faire à ses élèves. Chaque jour du calendrier portait le titre de la leçon, et chaque leçon coïncidait avec l'époque où le laboureur devait faire usage de l'objet dont le nom était inscrit sur ce jour de l'année.

Pendant les jours d'hiver, on ne rencontre dans ce calendrier que l'indication des substances brûlés, propres à fertiliser le sol et à construire les habitations, ou des métaux dont la nature est d'un usage ordinaire. Dans les autres mois, le nom des plantes se lit à l'un des jours de l'époque où il importe de les semer ou de les récolter. Le QUINTIDI porte le nom d'un animal à élever ou à détruire; le DÉCADI, celui d'un instrument aratoire ou de ménage.

On comprend l'immense avantage que retirerait l'éducation publique du rétablissement d'un pareil cours dans nos écoles primaires, et si, chaque jour, après l'exercice choral qui devrait ouvrir la séance, l'instituteur commençait par décrire avec méthode et précision l'objet dont le nom se trouve inscrit à la date de cette journée, pour en exposer les caractères, la nature, la composition, les usages pratiques ou les dangers, et pour faire comme toucher du doigt toutes ces indications à ses élèves, en mettant pendant la leçon chaque chose à leur disposition.

L'instituteur aurait soin chaque jour de préparer sa leçon du lendemain, comme s'il retournait lui-même à l'école. Cette tâche lui serait rendue facile dans les communes où le Conseil municipal a eu le bon esprit de fonder une bibliothèque, un musée et une exposition publique. Dans les autres communes, la municipalité ne se refuserait pas à voter des fonds pour procurer à l'instituteur communal les quatre ou cinq ouvrages qui lui seraient, pour ce cours, d'une indispensable nécessité.

N° VII.

PRÉVISION DU TEMPS

POUR CHAQUE MOIS DE

L'ANNÉE 1872

D'APRÈS LES PRINCIPES ÉTABLIS DANS LE

NOUVEAU SYSTÈME DE MÉTÉOROLOGIE (1).

---

(1) Le *Nouveau système de météorologie*, dont la connaissance est indispensable à quiconque s'occupe de cette science, a été développé dans les *Almanachs* des quatre premières années. Nous y renvoyons nos lecteurs.

PRÉVISION DU TEMPS

POUR CHAQUE MOIS DE

L'ANNÉE 1872

D'APRÈS LES PRINCIPES

du

NOUVEAU SYSTÈME DE MÉTÉOROLOGIE

JANVIER.

Abaissement de la colonne barométrique et élévation de la température (*) du 1ᵉʳ au 4, du 8 au 9, du 11 au 17, le 24, du 26 au 31.

Élévation de la colonne barométrique et abaisse-

(*) Dans la saison froide, le thermomètre baisse toutes les fois que le ciel se découvre, et monte toutes les fois que le ciel se couvre, parce que les nuages interceptent la température froide qui règne dans les couches supérieures de l'atmosphère; c'est le contraire pendant la saison chaude, parce que les nuages interceptent la température chaude qui règne alors dans les couches supérieures de l'atmosphère; or, les nuages arrivent quand le baromètre baisse, et se dissipent quand il monte.

ment de la température du 5 au 8, le 10, du 18 au 23, le 25.

Tempêtes et fortes marées du 2 au 4, du 8 au 9, les 11, les 16 et 17, le 24, les 26 et 27, les 30 et 31.

FÉVRIER.

Abaissement de la colonne barométrique et élévation de la température du 1 au 3, du 5 au 8, du 10 au 11, le 16, du 20 au 23, du 25 au 26.

Élévation de la colonne barométrique et abaissement de la température du 4 au 5, du 12 au 15, du 17 au 19, le 24.

Tempêtes et fortes marées du 2 au 4, du 7 au 8, du 10 au 12, le 16, du 25 au 27, le 28.

MARS.

Abaissement de la colonne barométrique et élévation de la température le 2, du 4 au 8, du 11 au 12, du 17 au 19, du 21 au 26.

Élévation de la colonne barométrique et abaissement de la température le 1er, du 3 au 4, du 13 au 17, du 27 au 31.

Tempêtes effrayantes et très-hautes marées le 6, les 10 et 11, les 26 et 27.

AVRIL.

Abaissement de la colonne barométrique et élévation de la température les 1ᵉʳ et 2, du 4 au 7, du 9 au 10, du 17 au 22, le 26.

Élévation de la colonne barométrique et abaissement de la température le 8, du 10 au 14, le 23, du 27 au 28, le 30.

Tempêtes et fortes marées le 1ᵉʳ, du 7 au 9.

MAI.

Abaissement de la colonne barométrique et élévation de la température du 1ᵉʳ au 4, le 6, le 8, du 13 au 19, le 21, du 24 au 25, du 26 au 31.

Élévation de la colonne barométrique du 5 au 6, le 7, du 9 au 12, du 20 au 21, le 22, du 26 au 27, 29.

Tempêtes et fortes marées le 6, le 8, du 15 au 16, le 24.

JUIN.

Abaissement de la colonne barométrique le 5, le 7, du 10 au 13, le 15, le 20, du 22 au 27, le 29.

Élévation de la colonne barométrique du 1ᵉʳ au 4, le 6, du 7 au 9, du 16 au 19, le 21, le 27.

Fortes marées du 7 au 8, le 10, tempêtes et très-fortes marées du 22 u 24.

JUILLET.

Abaissement de la colonne barométrique le 4, du 7 au 13, du 19 au 20, du 22 au 25, le 27, le 29.

Élévation de la colonne barométrique du 1ᵉʳ au 3, le 5, du 14 au 18, le 20, le 26, le 28, du 30 au 31.

Fortes marées du 6 au 7, du 12 au 13, du 19 au 21, du 26 au 27, le 29.

AOUT.

Abaissement de la colonne barométrique le 3, du 5 au 9, le 12, le 17, du 19 au 21, le 23, le 25, du 30 au 31.

Élévation de la colonne barométrique du 1er au 2, le 4, du 10 au 11, du 13 au 15, le 19, le 24, du 26 au 29.

Hautes marées du 5 au 6, le 17, du 19 au 22, le 25.

SEPTEMBRE.

Abaissement de la colonne barométrique et élévation de la température du 1er au 2, du 4 au 5, le 10, du 14 au 16, le 18, du 22 au 24, du 27 au 30.

Élévation de la colonne barométrique et abaissement de la température du 6 au 9, du 11 au 12, le 17, du 25 au 26.

Tempêtes et fortes marées du 4 au 5, le 14, du 18 au 19, le 24.

OCTOBRE.

Abaissement de la colonne barométrique et élévation de la température le 1er, du 3 au 4, le 10, du 12 au 16, du 17 au 18, le 23, du 25 au 29.

Élévation de la colonne barométrique et abaissement de la température du 5 au 9, le 11, du 18 au 22, le 24, du 30 au 31.

NOVEMBRE.

Abaissement de la colonne barométrique et élévation de la température du 2 au 3, du 6 au 11, du 16 au 17, du 19 au 20, du 22 au 26.

Élévation de la colonne barométrique et abaissement de la température, du 4 au 5, du 12 au 14, du 16 au 18, le 21, du 27 au 29.

Tempêtes et fortes marées les 2 et 3, du 9 au 11.

DÉCEMBRE.

Abaissement de la colonne barométrique et élévation de la température du 1er au 4, du 6 au 9, le 13, les 15 et 16, du 17 au 18, du 20 au 25, le 26, le 31.

Élévation de la colonne barométrique et abaissement de la température, du 10 au 14, du 16 au 17, le 31.

Tempêtes et fortes marées les 3 et 4, du 21 au 23, le 28, le 31.

N° VIII.

PHYSIONOMIE GÉNÉRALE
DE CHAQUE MOIS DE L'ANNÉE 1872,

D'APRÈS LA TABLE DRESSÉE EN 1805

PAR

L'ABBÉ L. COTTE. (*)

L'un des météorologues et des philosophes les plus distingués
de la fin du XVIII° et du commencement du XIX° siècle.

(*) Grand-Jean de Fouchy, de l'Observatoire de Paris, ayant signalé, en 1764, à l'abbé L. Cotte, les rapports de la période lunaire de dix-neuf ans, avec le retour, an par an, des mêmes phénomènes de température moyenne, ce dernier s'appliqua à vérifier cette donnée sur la série des observations météorologiques que l'Observatoire mit à sa disposition; et il en dressa un tableau pour chaque année, à partir de 1805 jusqu'en 1898 inclusivement. C'est de ce travail que nous avons extrait ce qui concerne l'année 1872.

PHYSIONOMIE GÉNÉRALE

DES MOIS

DE L'ANNÉE 1872

D'APRÈS LA TABLE DE L'ABBÉ COTTE.

JANVIER.

TEMPÉRATURE MOYENNE : froide, humide. — Th. max. : + 10°,1; th. min. : — 2°,6. — *Vents dominants* : nord, est. — *Jours de pluie* : 11. — *Épaisseur d'eau* : quarante-trois millimètres.

FÉVRIER.

TEMPÉRATURE MOYENNE : froide, humide. — Th. max. : + 10°,5; th. min. : — 2°,6. — *Vents dominants* : sud, ouest. — *Jours de pluie* : 11. — *Épaisseur d'eau* : quarante-huit millimètres.

MARS.

TEMPÉRATURE MOYENNE : froide, sèche. — Th. max. : + 15°,6; th. min. : — 3°,5. — *Vent dominant* : nord-est. — *Jours de pluie* : 10. — *Épaisseur d'eau* : vingt-sept millimètres.

AVRIL.

Température moyenne : froide, sèche. — Th. max. : + 18°,6; th. min. : — 0°,7. — *Vents dominants :* nord-est, nord. — *Jours de pluie :* 7. — *Épaisseur d'eau :* dix-neuf millimètres.

MAI.

Température moyenne : froide, humide. — Th. max. : + 20°,5; th. min. : + 3°,0. — *Vent dominant :* sud-ouest. — *Jours de pluie :* 16. — *Épaisseur d'eau :* soixante-dix millimètres.

JUIN.

Température moyenne : froide, humide. — Th. max. : + 23°,9; th. min. : + 6°,4. — *Vent dominant :* nord-ouest. — *Jours de pluie :* 12. — *Épaisseur d'eau :* soixante-trois millimètres.

JUILLET.

Température moyenne : froide, très-humide. — Th. max. : + 23°,6; th. min. : + 8°,2. — *Vent dominant :* sud-ouest. — *Jours de pluie :* 20. — *Épaisseur d'eau :* cent-dix millimètres.

AOUT.

Température moyenne : chaude, sèche. — Th. max. : + 23°,9; th. min. : + 8°,3. — *Vent do-*

minant : nord. — *Jours de pluie* : 9. — *Épaisseur d'eau* : vingt-trois millimètres.

SEPTEMBRE.

Température moyenne : variable, sèche. — Th. max.: + 20°,8 ; th. min. : + 5°,9. — *Vent dominant* : nord-est. — *Jours de pluie* : 6. — *Épaisseur d'eau* : vingt-deux millimètres.

OCTOBRE.

Température moyenne : variable, froide. — Th. max. : + 15°,8 ; th. min. : + 0°,2. — *Vent dominant* : nord-est. — *Jours de pluie* : 11. — *Épaisseur d'eau* : cinquante-quatre millimètres.

NOVEMBRE.

Température moyenne : froide, sèche. — Th. max. : + 12°7 ; th. min. : — 1°,9. — *Vent dominant* : nord-est. — *Jours de pluie* : 9. — *Épaisseur d'eau* : vingt millimètres.

DÉCEMBRE.

Température moyenne : froide, humide. — Th. max. : + 9°,3 ; th. min. : — 6°,0. — *Vents dominants* : nord, nord-est. — *Jours de pluie* : 13. — *Épaisseur d'eau* : cinquante-cinq millimètres.

N° IX.

OBSERVATIONS

RECUEILLIES A L'OBSERVATOIRE DE PARIS

PENDANT L'ANNÉE 1815

ANNÉE QUI, DANS LA PÉRIODE LUNAIRE DE 19 ANS,
CORRESPOND A LA PRÉSENTE ANNÉE 1872.

Il est probable que, pour l'Observatoire de Paris, les phénomènes de l'année 1815 se reproduiront, en l'année 1872, à peu près aux mêmes époques, avec des modifications de localités et de latitudes pour les autres régions de la France, en tenant compte des différences entre les époques des périgées et des apogées des deux années, ainsi que de l'apparition imprévue d'une comète. Voir le *Traité de météorologie* dans l'*Almanach* de l'année 1867.

L'abaissement de la colonne barométrique étant plus fort à l'époque des périgées qu'à celle des apogées, il s'ensuit que, toutes autres circonstances égales d'ailleurs, le temps sera plus mauvais sous la première que sous la seconde influence. Il suit de là que les périgées et les apogées du Cycle lunaire de dix-neuf ans ne tombant pas les mêmes jours du mois des deux années correspondantes, on devra, sur le calendrier comparatif de l'année 1815, transporter aux jours où tombent les périgées de l'année 1872, les indications de l'aspect du ciel des jours où tombent les périgées de l'année 1815 ; de même pour les apogées.

OBSERVATOIRE (JANVIER 1815) DE PARIS

J. solaires	BAROMÈTRE	THERMOMÈTRE	VENTS	ASPECT DU CIEL	Phases et POINTS lunaires
1	765,20-767,50	+ 3,2 + 6,6	O	Couv., couv., couv.	
2	769,44-768,70	+ 0,2 + 3,7	N-E	id. id. id.	D. Q.
3	767,81-764,90	− 1,7 + 0,6	id.	id. id. id.	Eq. L.
4	762,86-760,80	− 3,0 − 1,5	id.	id. id. id.	
5	761,72-760,24	− 3,2 − 0,2	N-N-O	id. id. id.	
6	759,60-758,24	− 0,3 + 0,7	id.	id. id. grésil	
7	758,08-755,36	− 1,5 + 0,5	N-E	id. Grêle, couvert	Conjug.
8	744,94-749,24	+ 0,2 + 2,2	S	Brouil. neige, neige	N. L.
9	758,70-762,60	+ 0,0 + 1,5	N	Couvert, couv., beau.	L. A.
10	759,32-757,52	+ 2,0 + 4,7	S-O	id., Pluie, nuageux	Apogé.
11	753,13-754,96	+ 4,0 + 8,6	O	Pluie fi., pl.p. in., cou.	
12	759,44-763,00	+ 1,0 + 4,9	id.	Nuageux, nuag., beau	
13	765,28-760,58	− 1,0 + 2,5	O-S-O	Beau, nuageux, neige	
14	753,00-751,32	+ 2,5 + 4,5	O	Pluie, pluie, pluie	Eq. L.
15	758,64-764,10	− 4,7 − 1,0	N-E	Nuag., beau, super.	
16	764,88-753,72	− 6,5 − 1,7	id.	Beau, beau, nuageux.	
17	764,80-763,68	− 3,5 + 1,5	N-O	Couv., couv., nuag.	P. Q.
18	760,54-757,38	− 2,7 + 0,7	N	Couv., neige, nuag.	
19	754,60-751,40	− 6,4 − 1,2	id.	Beau, neige, nuag.	
20	751,00-753,00	−10,2 − 4,0	N-O	Neige, nuag., nuag.	
21	753,16-753,80	− 8,2 − 3,6	N-E	Couv., couv., brouil.	
22	754,50-756,24	− 5,0 − 0,5	id.	Couv., couv., n., cou.	L. B.
23	757,08-756,04	− 4,5 − 1,5	S-E	Neige, couv., couv.	Périg.
24	755,06-749,30	− 9,2 − 0,7	S	Couvert, couv., beau	P. L.
25	747,70-746,84	− 9,3 − 7,7	N	Couv., neige, couv.	
26	746,40-738,10	− 9,6 − 4,2	S-E	Couv., neige, nuag.	
27	732,40-734,12	− 1,7 + 5,7	S	Neige, nuag., couv.	
28	736,70-738,90	+ 0,2 + 5,0	id.	Couv., couv., nuag.	
29	740,70-740,02	− 0,0 + 5,7	id.	Couv., nuag., nuag.	Eq. L.
30	739,76-740,22	− 1,5 + 6,2	S-E	Couv., nuag., pluie	
31	742,92-745,20	+ 0,1 + 6,4	S	Nuag., nuag., pluie	

Eau tombée, 17mm,30.

PHASES LUNAIRES
D. Q. le 2, à 3 h. 1 m. du soir.
N. L. le 10, à 2 h. 7 m. du soir.
P. Q. le 18, à 4 h. 12 m. du soir.
P. L. le 25, à 6 h. 34 m. du soir.

OBSERVATOIRE (FÉVRIER 1815) DE PARIS

J. solaires.	BAROMÈTRE	THERMOMÈTRE	VENTS	ASPECT DU CIEL	PHASES et POINTS lunaires.
1	747,50-746,18	+ 2,0 + 5,0	S	Couv., brouill. couv.,	D. Q.
2	747,00-747,66	+ 1,0 + 6,2	S E	Couv., couv., pluie.	
3	752,90-750,24	+ 4,2 + 7,5	S	Hum., pluie., couv.	Conj.
4	749,52-752,00	+ 5,0 + 7,9	S	Couv., pluie, pluie,	
5	759,00-761,80	+ 3,7 + 9,7	O	Couv., couv., beau.	L. A.
6	758,20-751,20	+ 1,5 + 7,6	S E	Couv., nuag., couv.	
7	751,26-756,68	+ 4,0 + 9,7	S O	Pluie, couv., beau.	Apog.
8	757,34-753,60	+ 1,5 + 7,5	S	Couv., couv., pluie.	
9	754,58-751,20	+ 4,0 + 8,5	S O	Brouil., couv., couv.	N. L.
10	750,04-750,64	+ 6,2 + 10,2	S E	Couv., cou., nuag.	
11	750,00-746,36	+ 7,0 + 10,2	S	Pluie, couv., pluie.	Éq. L.
12	751,00-754,54	+ 7,0 + 10,2	S O	Nuag., tr.-nuag., couv.	
13	751,70-753,34	+ 6,7 + 11,2	S O	Pluie, nuag., beau.	
14	746,38-750,38	+ 6,0 + 8,7	S E	Couv., couv., couv.	
15	754,56-757,74	+ 7,0 + 11,0	S O	Lég. br., couv., couv.	
16	757,62-752,06	+ 9,0 + 11,4	S O fort.	Couv., couv., couv.	
17	753,30-758,98	+ 6,2 + 9,5	O	Pluie, pluie, pluie.	P. Q.
18	766,00-768,82	+ 5,2 + 8,5	N O	Couv., couv., couv.	L. B.
19	769,42-766,40	+ 3,5 + 11,9	O	Couv., tr.-nuag., beau.	
20	762,36-759,70	+ 4,7 + 12,1	S O fort.	Couv., couv., couv.	
21	761,40-766,80	+ 10,0 + 12,2	O fort.	Couv., couv., couv.	Périg.
22	768,48-769,54	+ 8,2 + 11,2	O	Pet. pl. tr.-nuag. couv.	
23	769,64-766,36	+ 4,7 + 12,2	S	Couv., tr.-nuag., beau.	P. L.
24	764,90-763,44	+ 1,2 + 12,2	N O	Brouil., beau., nuag.	
25	766,14-763,34	+ 4,5 + 7,7	S S O	Brouil., couv., beau.	Éq. L.
26	763,64-768,00	+ 2,7 + 10,4	S O	Beau, couv., tr.-nuag.	
27	770,56-772,50	+ 6,4 + 9,5	N	Couv., couv., beau.	
28	771,12-766,84	+ 3,9 + 11,5	E	Beau., nuag., sup.	Conj.

Eau tombée, 31mm,43.

PHASES LUNAIRES.
D. Q. le 1er, à 5 h. 11 m. du matin.
N. L. le 9, à 11 h. 54 m. du matin.
P. Q. le 17, à 4 h. 54 m. du matin.
P. L. le 23, à 8 h. 25 m. du soir.

OBSERVATOIRE (MARS 1815) DE PARIS

J. solaires.	BAROMÈTRE	THERMOMÈTRE	VENTS	ASPECT DU CIEL	PHASES et POINTS lunaires.
1	766,10-766,74	+ 2,2 +13,4	S	Beau, légers n., b.	
2	767,84-766,00	+ 4,2 + 8,9	O	Beau, couv., couv.,	D. Q.
3	766,92-766,00	+ 6,4 +14,1	SE	Pluie, éclairc., beau.	L. A.
4	768,44-767,10	+ 6,2 +12,2	E	Couv., couv., beau.	
5	767,26-765,78	+ 3,7 +15,7	S	Brouill., ciel voilé, n.	
6	766,66-764,14	+ 6,5 +14,7	SO	Couv., ciel voilé, b.	Apog.
7	763,44-760,76	+ 4,7 +14,1	S	Beau, beau, beau.	
8	755,80-748,50	+ 6,7 +11,7	S tr.-fort.	Couv., pluie, pluie.	
9	752,92-744,04	+ 3,7 + 9,5	O fort	Nuag., pluie, pluie.	
10	741,10-746,12	+ 3,5 + 6,5	O fort	Grésil, nuag., beau.	Conj.
11	745,00-753,04	+ 1,7 + 6,2	O	Couv., très-nuag., b.	N. L.
12	752,94-740,02	+ 1,7 + 4,5	SO fort	Couv., pluie, nuag.,	Eq. L.
13	741,98-744,12	+ 5,5 +10,0	SO fort	Nuag., couv., pluie.	
14	749,72-758,42	+ 5,0 + 7,0	O	Nuag., pluie, beau.	
15	764,08-761,80	+ 2,6 + 8,4	SO	Couv., pluie, couv.	
16	759,88-761,58	+10,7 +12,5	O	Brouill., couv., pl.	
17	759,10-762,38	+ 6,2 + 9,7	NO	Pl., br., c., ciel vap.	L. B.
18	762,10-763,06	+ 4,5 +11,5	O	Nuag., couv., couv.	P Q.
19	761,00-758,76	+ 8,0 +11,5	SO	Pl. fine, couv., c.	
20	759,04-758,00	+ 8,2 +13,0	O	Pl. fine, couv., c.	
21	758,00-755,10	+ 8,2 +13,6	SSO	Très-n., c., pl. fine.	
22	757,16-754,84	+10,2 +13,0	S fort	Pl., couv., pl. fine.	Périg.
23	751,86-746,82	+ 8,0 +14,5	SO fort	Pluie, pluie, nuag.,	
24	754,20-757,24	+ 7,0 +12,6	SO fort	Nuag., couv., nuag.,	Eq. L.
25	746,14-754,70	+ 5,0 +11,0	O	Pluie, très-nuag., n.	P. L.
26	757,94-759,50	+ 2,5 +11,2	OSO	Très-b., tr.-n., ciel v.	Conj.
27	757,32-745,74	+ 6,7 +12,5	S tr.-fort	C., c., qq. g. d'eau.	
28	756,20-762,72	+12,2 +16,4	SO fort	C., couv., pl. fine.	
29	763,04-758,96	+ 9,0 +16,5	S	Br. épais, lég. n., b.	
30	762,40-759,76	+ 7,5 +20,7	S	Br., lég. n., ciel v.	
31	760,16-756,20	+ 8,1 +21,2	S	Quelq. n., l. n., c. v.	

Eau tombée, 40^{mm},65.

PHASES LUNAIRES
D. Q. e 2, à 10 h. 18 m. du soir.
N. L. le 11, à 3 h. 30 m. du matin.
P. Q. le 18, à 2 h. 29 m. du soir.
P. L. le 25, à 6 h. 46 m. du matin.

OBSERVATOIRE (AVRIL 1815) DE PARIS

J. solaires	BAROMÈTRE	THERMOMÈTRE	VENTS	ASPECT DU CIEL	PHASES et POINTS lunaires
1	755,12-753,12	+ 8,7+22,2	S	Beau, tr. beau, nuag.	D. Q.
2	755,26-758,00	+ 1,7+21,1	S O	Nuag., petite pl., pl.	L. A.
3	754,60-759,00	+ 7,4+13,1	O N	Couv., couv., pluie.	Apog.
4	761,62-757,82	+ 6,2+12,0	N E	Couv., couv., pluie.	
5	765,20-768,30	+ 6,2+12,5	N	Tr.-nuag., nuag., c. v.	
6	768,20-764,02	+ 4,5+16,5	NNE	Vap., lég. vap., tr.-bc.	
7	762,32-757,74	+ 7,0+19,2	N E	Beau, sup., qq. g. d'c.	Éq. L.
8	757,04-754,50	+ 9,2+22,0	SSO	Tron., ci. voi., nuag.	
9	755,32-757,14	+11,2+19,2	SSO	Brouil., couv., couv.	N. L.
10	758,22-757,16	+12,0+20,3	S	Petite pluie, n., pl.	Conj.
11	759,80-758,56	+ 9,7+20,8	S E	Nuag., nuag., pluie.	
12	759,50-757,20	+ 9,5+20,0	S O	Nuag., couv., pluie.	
13	757,04-752,50	+ 8,7+19,7	S O	Brouil., ép. nuag., p.	
14	751,20-755,50	+ 4,7+10,0	N O	Couv., couv., tr.-nua.	L. B.
15	757,46-762,30	+ 2,7+ 7,5	NNO	Couv., couv., couv.	
16	762,20-761,00	+ 2,0+ 8,7	N	Tr.-nuag., couv.,couv.	P. Q.
17	761,88-760,16	+ 2,2+ 9,0	N E	Beau, nuag., nuag.	
18	763,52-764,78	+ 1,0+10,0	N E	Beau, beau, beau.	Périg.
19	764,16-750,64	+ 0,2+ 9,5	N E	Nuag., couv., tr.-nu.	Conj.
20	757,78-763,32	+ 1,2+11,2	N E	Brouil., nuag., c. vo.	Éq. L.
21	751,32-736,04	+ 2,0+12,5	SSO	Nuag., couv., pluie.	
22	735,50-737,90	+ 4,2+11,6	SO fort.	Couv., tr.-nuag., gr.	P. L.
23	737,90-742,13	+ 4,0+11,7	OSO	Pluie,tr.-nuag., couv.	
24	741,88-746,08	+ 5,2+11,5	O	Tr.-nuag. tr.-gr.nuag.	
25	750,06-753,70	+ 3,7+11,1	N O	Lég.nua., tr.-nua., c.	
26	754,32-759,96	+ 4,7+14,2	N E	Pluie, tr.-nuag., bc.	
27	760,36-757,34	+ 4,7+15,2	N E	Couv.,qq. éclair., nua.	L. A.
28	756,32-751,40	+ 7,7+20,1	N E	Beau, nuag., pe. pl.	
29	749,18-747,80	+ 7,5+13,4	NNO	Pluie., pl. fine, pluie.	
30	747,62-751,50	+ 8,5+14,7	S O	Brouil., pluie fine, pl.	

Eau tombée, 30ᵐᵐ,31.

PHASES LUNAIRES
D. Q. le 1er, à 3 h. 17 m. du soir.
N. L. le 9, à 3 h. 59 m. du soir.
P. Q. le 16, à 9 h. 30 m. du matin.
P L. le 23, à 5 h. 31 m. du soir.

OBSERVATOIRE (MAI 1815) DE PARIS

J.	BAROMÈTRE	THERMOMÈTRE	VENTS	ASPECT DU CIEL	PHASES et POINTS lunaires
1	752,60-752,00	+ 8,5 +21,1	E	Lég. n., c. vap., nuag.	D. Q.
2	754,08-752,52	+ 9,2 +19,7	NE	Brouil., couv., pluie.	Apog.
3	751,00-748,40	+ 9,7 +22,5	NO	Nuag., nuag., pl. or.	
4	749,36-753,76	+11,5 +14,7	N	Couv., couv., couv.	Éq. L.
5	753,60-755,26	+10,2 +17,0	O	Couv., couv., nuag.	
6	756,26-755,40	+10,2 +19,7	SO	Couv., nuag., beau	
7	755,26-754,28	+ 9,0 +24,0	S	Nuag., lég c., pl. or.	Conj.
8	754,00-755,50	+11,5 +19,0	O	Lég. couv., p. pl. pl.	
9	756,84-762,80	+ 9,7 +17,6	O	Tr.-nua., nua., tr.-b.	N. L.
10	763,88-761,84	+ 7,5 +19,9	SO	Nua., tr.-nua., tr.-b.	L. B.
11	760,28-753,84	+ 9,7 +22,2	SSE	Nua., lég. nua., tr.-b.	
12	754,92-757,40	+13,0 +20,0	SO	Couv., tr.-nuag., nua.	
13	756,60-758,62	+10,5 +19,5	OSO	Couv., tr.-nua., p. pl.	Périg.
14	758,06-760,10	+ 8,5 +18,2	O	Tr.-nua., tr.-nua., p.	
15	759,50-757,40	+ 5,5 +20,2	S	B., nuag., lég. nuag.	Conj.
16	759,42-765,74	+10,6 +16,7	O	Pet. pl., pl., beau.	
17	767,56-769,28	+ 7,0 +19,7	NNO	Nua. à l'h., l. nua., b.	P. Q.
18	769,62-767,06	+ 8,5 +20,5	N	Couv., couv., couv.	
19	765,82-762,08	+13,0 +22,0	N	Vap., tr.-nua., tr.-n.	Éq. L.
20	759,72-751,90	+10,2 +22,6	SSO	B., tr.-nuag., tr.-n.	
21	772,42-753,50	+ 8,2 +16,5	O	C. vap., couv., tr.-b.	
22	754,20-758,00	+ 6,2 +16,2	NO	C. vap., tr.-n., p. pl.	
23	760,48-758,86	+ 5,8 +15,2	NO	Nuag., tr.-nuag., n.	P. L.
24	759,40-760,92	+ 7,7 +18,6	O	Couv., couv., qq. éc.	
25	761,48-765,16	+12,5 +19,2	ONO	Tr.-nua., tr.-nua., b.	L. A.
26	766,18-760,02	+10,0 +22,5	NE	Beau, nuag., beau.	
27	763,80-754,28	+12,5 +23,6	E	Beau, beau, beau.	
28	759,04-756,34	+12,2 +25,2	SE	Beau, beau, beau.	
29	756,04-757,88	+11,7 +22,2	SO	Nua., tr.-nua., pl. or.	Apog.
30	758,50-759,64	+11,2 +17,2	O	Couv., couv., tr.-nua.	D. Q.
31	760,00-756,18	+ 9,2 +18,9	O	Couv., tr.-nua., cou.	Éq. L.

Eau tombée, 29^{mm},0.

PHASES LUNAIRES
D. Q. le 1er, à 6 h. 14 m. du matin.
N. L. le 9, à 6 h. 50 m. du matin.
P. Q. le 17, à 4 h. 41 m. du matin.
P. L. le 23, à 5 h. 5 m. du matin.
D. Q. le 31, à 6 h. 14 m. du matin.

OBSERVATOIRE (JUIN 1815) DE PARIS

j. solaires	BAROMÈTRE	THERMOMÈTRE	VENTS	ASPECT DU CIEL	PHASES et POINTS lunaires
1	753,94-757,18	+12,5+20,2	E	Couv., tr.nuag., beau	
2	759,04-763,36	+10,0+19,5	NE	Tr.n., beau., lég. vap.	
3	763,70-761,70	+ 9,2+22,7	O	Nuag.lég.nuag., couv.	
4	761,70-756,20	+14,0+24,9	OSO	Couv., nuag., nuag.,	
5	754,24-749,60	+15,5+24,7	SO	Pluie., nuag., orag.	
6	748,12-747,04	+13,5+22,0	S	Tr.nuag.pluie.for.av.	
7	748,24-750,12	+11,5+19,1	ONO	Pluie. couv. tr. nuag.	N. L.
8	750,14-752,64	+12,7+18,6	NO	Couv., couv., pluie,	L. B.
9	753,66-756,76	+12,5+15,5	NO	Couv.pluiefine., couv.	Périg.
10	756,88-716,56	+11,7+20,7	NO	Couv.nuag. pet.pluie.	Conj.
11	757,34-759,18	+ 9,0+23,2	SO	Nuag.nuag. pet.pluie.	
12	756,16-756,00	+ 9,2+17,5	SO	Pluie, pluie, pluie.	
13	753,26-750,00	+ 8,4+19,4	SO	Nuag., pluie, pluie.	
14	745,12-747,50	+12,5+19,7	SO	Pluie, pluie, orage.	P. Q.
15	751,22-757,00	+10,2+19,9	SO	Nuag., tr.nuag., beau.	Éq. L.
16	757,44-752,76	+ 9,5+24,4	SE	Nuag., couv., pluie.	
17	751,44-753,20	+14,0+23,2	SO	Tr. nuag. orage.pluie.	
18	753,50-754,50	+11,7+20,0	SO	Tr.nuag., tr. nuag., pl.	
19	755,08-752,72	+ 9,5+20,4	SE	Beau., pet.pluie.beau.	
20	755,00-753,62	+12,2+23,6	S	Troub., nuag., nuag.	P. L.
21	753,82-758,88	+13,0+20,2	SO	Couv., nuag., nuag.	L. A.
22	758,96-760,32	+11,5+20,6	O	Lég. br., couv., nuag.	
23	758,08-763,20	+12,7+18,2	ONO	Pluie, couv., tr.nuag.	
24	762,28-761,60	+12,6+18,7	ONO	Pluie fine,couv.nuag.	
25	757,48-762,20	+ 9,4+18,1	NO fort	Pluie fine,couv.beau.	Apog.
26	763,04-762,00	+ 7,2+19,7	NO	Gr.nuag.tr.nua.nuag.	
27	761,38-763,28	+11,5+18,5	NNE	Couv., tr.nuag., beau.	
28	765,58-765,40	+ 8,7+19,0	NNE	Nuag., tr.nuag., beau.	Éq. L.
29	765,92-763,68	+10,2+23,0	NE	Très beau, nuag. beau	D. Q.
30	763,30-760,94	+13,7+23,5	N	Très beau, nuag.beau	

Eau tombée, 78mm,70.

PHASES LUNAIRES
N. L. le 7, à 4 h. 3 m. du soir.
P. Q. le 14, à 8 h. 2 m. du matin.
P. L. le 21, à 6 h. 9 m. du soir.
D. Q. le 29, à 9 h. 51 m. du soir.

OBSERVATOIRE (JUILLET 1815) DE PARIS

J. solaires.	BAROMÈTRE	THERMOMÈTRE	VENTS	ASPECT DU CIEL	PHASES et POINTS lunaires.
1	760,44-759,30	+ 14,7+ 25,0	N N E	Beau, nuag., beau.	
2	760,06-758,58	+ 15,7+ 21,7	N E	Couv., beau, beau.	
3	757,80-755,88	+ 10,0+ 21,7	N E	Beau, lég., n., nuag.	
4	756,72-759,00	+ 12,7+ 25,0	N E	Tr.-n., tr.-n., nuag.	
5	759,40-761,64	+ 12,5+ 22,1	N E	Nuag., tr.-n., nuag.	N. L.
6	762,14-758,04	+ 12,0+ 21,7	N E	N., lég. vap., nuag.	L. B.
7	757,64-761,34	+ 12,5+ 20,0	N O	Nuag., couv., pluie.	
8	762,46-764,20	+ 8,7+ 18,1	O	Nuag., couv., couv.	Périg.
9	762,58-764,00	+ 12,5+ 17,2	N	Pluie, pluie, pluie.	
10	764,72-765,84	+ 10,0+ 22,7	N	B., ciel voilé, beau.	
11	764,82-762,50	+ 11,5+ 23,5	N.	Vap., nu., nua. à l'h.	
12	762,88-761,36	+ 12,2+ 25,7	N E	Vapeurs, nuag., nuag.	Éq. L.
13	762,00-762,86	+ 14,7+ 27,5	S	Tr.-n., nuag., pluie.	P. Q.
14	763,54-762,52	+ 15,5+ 28,7	S	Br., nuag., nuageux.	
15	764,00-761,64	+ 17,5+ 28,9	S O	Couv., nuag., nuag.	
16	762,70-764,48	+ 15,2+ 21,7	O	Couv., couv., pluie.	
17	763,72-759,12	+ 13,5+ 25,0	S O	Tr.-n., couv., p. pl.	
18	757,96-757,56	+ 16,2+ 20,0	O	Couv., pluie, pluie.	
19	756,84-753,78	+ 14,2+ 21,5	O	Couv., couv., tr.-n.	L. A.
20	753,70-758,40	+ 10,8+ 18,1	O	N., pl.fl., qq. g. d'eau.	
21	759,04-757,32	+ 9,7+ 22,5	S O	Lég. b., tr.-n., beau.	P. L.
22	756,50-757,84	+ 15,0+ 21,7	N E	Couv., tr.-n., pluie.	
23	757,60-759,80	+ 13,5+ 22,0	N	Pluie, tr.-n., pluie.	Apog.
24	760,38-761,22	+ 11,2+ 22,1	N O	Nuag., couv., pluie.	
25	762,40-763,90	+ 13,0+ 22,1	O N O	Couv., tr.-b., beau.	Éq. L.
26	763,12-760,90	+ 12,7+ 19,2	O N O	P. pl., pl. ab., pluie.	
27	762,60-761,50	+ 12,5+ 16,1	N O	Couv., pluie, beau.	
28	763,74-762,08	+ 12,7+ 21,0	N	Couv., tr.-n., beau.	D. Q.
29	764,12-760,66	+ 12,7+ 21,9	N	Br., tr.-n., tr.-nuag.	Conj.
30	758,70-759,30	+ 13,5+ 21,0	N	Couv., tr.-n., couv.	
31	759,90-763,36	+ 14,0+ 21,5	N O	Couv., tr.-n., nuag.	

Eau tombée, 31mm, 9.

PHASES LUNAIRES
N. L. le 6, à 11 h. 3 m. du soir.
P. Q. le 13, à 2 h. 22 m. du matin.
P. L. le 21, à 10 h. 29 m. du soir.
D. Q. le 29, à 11 h. 0 m. du matin.

OBSERVATOIRE (AOUT 1815) DE PARIS

J. solaires.	BAROMÈTRE	THERMOMÈTRE	VENTS	ASPECT DU CIEL	PHASES et POINTS lunaires.
1	763,62–768,88	+ 12,0 + 20,0	N	Couv., couv., beau.	L. B.
2	766,06–764,50	+ 9,2 + 21,4	NO	Brouill., nuag., couv.	
3	764,24–765,38	+ 13,7 + 23,7	NO	Nuag., couv., beau.	
4	763,04–757,70	+ 11,2 + 25,5	E	Beau, nuag., beau.	
5	755,76–752,24	+ 14,2 + 30,0	SE	Lég. nuag., nuag., n.	N. L.
6	754,16–753,82	+ 11,5 + 18,7	NO	Pluie, nuag., beau.	Périg.
7	755,70–759,60	+ 9,7 + 18,9	NO	Pluie fine, n., beau.	Conj.
8	757,20–755,64	+ 7,2 + 20,4	SE	Brouill., couv., beau.	
9	756,12–757,36	+ 9,7 + 19,9	NE	Couv., nuag., nuag.	Éq. L.
10	757,62–756,62	+ 10,0 + 22,5	NO	Nuag., nuag., nuag.	
11	753,70–749,64	+ 12,5 + 19,5	SO	Couv., couv., pluie.	P. Q.
12	749,80–753,30	+ 10,1 + 18,2	O	Couv., nuag., pluie.	
13	754,84–751,56	+ 12,0 + 18,9	O	Nuag., nuag., nuag.,	
14	762,64–765,14	+ 13,5 + 23,7	NO	Nuag., p. pl., nuag.	
15	765,82–763,40	+ 13,2 + 24,5	O	Couv., nuag., beau.	L. A.
16	759,50–752,62	+ 14,7 + 28,7	SO	Nuag., nuag., nuag.	
17	758,64–761,32	+ 13,0 + 21,2	SO	Nuag., nuag., nuag.	
18	761,00–758,00	+ 11,2 + 22,5	O	Lég. b., nuag., nuag.	
19	753,72–757,12	+ 12,7 + 28,0	O	Nuag., nuag., nuag.	Apog.
20	758,00–759,64	+ 14,4 + 22,5	O	Nuag., nuag., l. nuag.	P. L.
21	759,64–758,46	+ 12,5 + 23,2	NO	Nuag., nuag., l. nuag.	Éq. L.
22	757,48–755,88	+ 16,2 + 26,6	SO	P. fine, qq. éclaire., pl.	
23	756,88–761,66	+ 16,5 + 26,0	SO	Couv., tr.-n., nuag.	Conj.
24	763,46–766,12	+ 15,5 + 22,5	O	Pl. fine, couv., beau.	
25	766,34–763,80	+ 9,7 + 24,5	S	Beau, tr.-beau, beau.	
26	762,96–764,56	+ 12,6 + 28,4	SO	Nuag., nuag., nuag.	
27	764,10–760,02	+ 14,5 + 29,5	S	Nuag., qq. n., beau.	D. Q.
28	759,60–757,84	+ 16,0 + 28,2	O	Nuag., couv., p. pl.	L. B.
29	759,30–762,16	+ 14,4 + 21,6	O	Nuag., nuag., nuag.	
30	763,24–764,50	+ 10,2 + 21,7	O	Beau, nuag., beau.	
31	764,38–763,14	+ 10,0 + 23,4	SE	Lég. vap., p. n., l. n.	

Eau tombée, 15mm,0.

PHASES LUNAIRES

N. L. le 5, à 7 h. 7 m. du matin.
P. Q. le 11, à 11 h. 24 m. du soir.
P. L. le 20, à 0 h. 20 m. du matin.
D. Q. le 27, à 10 h. 26 m. du soir.

OBSERVATOIRE (SEPTEMBRE 1815) DE PARIS

J. solaires	BAROMÈTRE.	THERMOMÈTRE	VENTS	ASPECT DU CIEL	PHASES et POINTS lunaires.
1	765,16-763,84	+ 10,2 + 22,9	N O	Lég. nuag., beau, b.	
2	763,00-760,84	+ 11,2 + 23,7	N N E	Beau, nuag., beau.	Périg.
3	761,60-763,78	+ 12,2 + 25,5	N O	Nuag., nuag., beau.	N. L.
4	763,98-760,78	+ 12,5 + 23,2	O	Nuag., tr.-n., nuag.	Conj.
5	762,66-761,08	+ 11,7 + 19,0	N O	Nuag., beau, beau.	
6	761,70-760,74	+ 9,0 + 18,0	N N O	Tr.-n., couv., beau.	Éq. L.
7	762,60-764,44	+ 5,7 + 17,5	N	Nuag. à l'h., nuag. b.	
8	765,78-764,68	+ 6,0 + 17,7	N N E	Nuag. à l'h., n., c.	
9	766,04-764,40	+ 7,7 + 20,0	E	Beau, beau, superbe.	
10	764,82-764,20	+ 7,7 + 20,2	N E	Beau, beau, superbe.	P. L.
11	765,78-764,44	+ 8,2 + 24,6	N	Beau, beau, superbe.	
12	765,44-763,10	+ 9,2 + 25,3	S E	Beau, beau, superbe.	L. A.
13	762,00-758,56	+ 9,2 + 26,2	S E	Beau, beau, superbe.	
14	758,60-757,28	+ 10,7 + 28,2	S E	N.; lég. n., nuag.	
15	756,88-755,32	+ 13,0 + 27,7	E S E	Nuag., nuag., beau.	Apog.
16	755,20-756,72	+ 16,7 + 25,0	S O	Or., tr.-n., qq. g. d'e.	
17	758,20-762,96	+ 13,5 + 21,0	O	Couv., nuag., beau.	P. L.
18	764,08-765,76	+ 9,5 + 21,6	N	Nuag., nuag., beau.	Éq. L.
19	764,60-761,18	+ 11,7 + 19,9	N E	Nuag., lég. v., beau.	Conj.
20	758,86-756,78	+ 8,9 + 17,5	E	Lég. n., lég. v. beau.	
21	757,42-758,32	+ 5,7 + 16,6	E	Beau, beau, beau.	
22	757,52-752,00	+ 3,9 + 21,7	S	Beau, beau, orage.	
23	748,70-752,10	+ 11,0 + 15,7	N O	Pluie, couv., beau.	
24	754,40-753,60	+ 8,0 + 18,5	S S O	Nuag., nuag., pluie.	
25	756,34-760,56	+ 13,5 + 18,7	S S E	Couv., couv., p. pl.	L. B.
26	762,00-759,20	+ 10,5 + 19,5	S	Couv., tr.-n., p. pl.	D. Q.
27	760,40-764,28	+ 13,7 + 18,7	S O	Couv., nuag., beau.	
28	764,84-759,24	+ 7,5 + 17,9	S E	Beau, nuag., beau.	
29	754,00-748,70	+ 9,5 + 22,7	S E	Nuag., nuag., pluie.	
30	750,50-753,47	+ 10,0 + 16,0	N O	Pluie, couv., couv.	

Eau tombée, 31mm,8.

PHASES LUNAIRES
N. L. le 3, à 2 h. 17 m. du soir.
P. Q. le 10, à 0 h. 9 m. du soir.
P. L. le 18, à 4 h. 2 m. du soir.
D. Q. le 26, à 8 h. 7 m. du matin.

OBSERVATOIRE (OCTOBRE 1815) DE PARIS

J. solaire.	BAROMÈTRE	THERMOMÈTRE	VENTS	ASPECT DU CIEL	PHASES et POINTS lunaires.
1	752,04-754,74	+10,0+16,0	S.	Couv., pluie, nuag.	Périg.
2	755,90-763,58	+10,0+16,7	N O.	Couv., pluie, beau.	N. L.
3	764,78-766,74	+ 5,5+16,0	S E.	Beau, nuag, beau.	Éq. L.
4	763,12-761,42	+ 6,2+17,7	S.	Nuag., nuag., tr.-n.	Conj.
5	762,12-761,04	+ 5,2+18,0	S S O.	Beau, nuag., couv.	
6	760,88-759,90	+10,0+20,3	S.	Nuag., pluie, pluie.	
7	760,90-764,56	+13,7+15,2	N E.	Pluie, couv., nuag.	
8	765,24-764,88	+10,0+16,5	N E.	Couv., tr.-nuag., be.	
9	764,20-761,50	+ 5,0+13,5	E.	Tr.-beau, beau, beau.	L. A.
10	759,12-750,00	+ 4,7+13,9	E.	Tr.-beau, nuag., couv.	P. Q.
11	752,84-752,28	+ 8,7+11,7	S.E.	Pluie, pluie, couv.	
12	753,78-755,74	+ 7,0+14,5	S.	Nuag., tr. n., tr.n.,	
13	756,92-755,12	+ 6,0+17,2	S-S E.	Nuag., nuag., tr. n.	Apog.
14	756,74-753,74	+16,5+19,1	S O.	Couv., qq. écl., p. c.	Conj.
15	756,40-761,74	+12,5+17,0	N O.	Pluie, fine, nuag., n.	Éq. L.
16	761,76-759,78	+12,4+18,5	S O.	Couv., nuag., nuag.	
17	757,62-759,50	+10,0+17,6	O.	Couv., couv., pluie.	
18	761,84-758,00	+ 8,7+15,0	S O.	Nuag., nuag., couv.	P. L.
19	754,92-753,12	+13,7+18,2	S.	qq. g. d'eau, tr. n., c.	
20	751,32-750,20	+10,6+20,1	S.	Beau, beau, nuag.	
21	751,24-755,80	+10,5+16,1	S O.	Couv., couv., nuag.	
22	757,70-759,66	+ 8,5+16,0	S E.	Nuag., nuag., nuag.	L. B.
23	756,56-754,46	+ 9,0+18,2	S.	Pluie, tr.-nuag., pl.	
24	753,48-754,40	+10,0+16,7	S.	Pluie, tr.-nuag., pl.	
25	747,92-751,66	+10,2+12,9	S S O.	Couv., pluie., nuag.	D. Q.
26	748,94-751,40	+ 8,5+12,7	S O.	Nuag., nuag., pluie.	
27	747,44-749,66	+ 7,2+11,7	S.	Pluie, pluie, pluie.	Conj.
28	753,76-756,92	+ 8,7+14,1	S E.	Couv., nuag., nuag.	
29	754,52-749,36	+ 7,7+13,9	E.	Nuag., couv., pluie.	Eq. L.
30	750,20-753,10	+ 7,2+ 9,0	N E.	Pluie, pluie, couv.	
31	754,48-757,00	+ 4,2+ 8,9	N E.	Nuag., nuag., nuag.	

Eau tombée, 61^{mm},7.

PHASES LUNAIRES,
N. L. le 2, à 10 h. 10 m. du matin.
P. Q. le 10, à 4 h. 54 m. du matin.
P. L. le 18, à 8 h. 12 m. du matin.
D. Q. le 25, à 4 h. 17 m. du soir.

OBSERVATOIRE (NOVEMBRE 1815) DE PARIS

J. solaires.	BAROMÈTRE	THERMOMÈTRE	VENTS	ASPECT DU CIEL	PHASES et POINTS lunaires.
1	757,56-757,90	+ 1,7+8,2	N E	Gelée bl. beau, beau.	N. L.
2	759,20-761,08	+ 0,2+7,4	N E	Beau, couvert, beau.	
3	763,20-766,20	+ 3,0+9,1	N O	Nuag., couv., beau.	
4	768,00-768,94	+ 1,9+6,7	N E	Nuag.,lég.nuag.,beau	
5	768,96-768,06	— 2,5+5,0	N E	Beau, couv., couv.	L. A.
6	768,86-767,16	+ 1,0+8,2	S	Couv., beau, beau.	
7	766,86-765,02	— 1,5+7,1	S O	Beau,lég.nuag., tr.-n.	
8	764,86-763,52	+ 5,5+11,0	O	Pluie., qq. écl., couv.	P. Q.
9	759,92-761,62	+ 9,0+14,5	O S O	Pluie, pl. fine, couv.	conjug.
10	765,50-767,12	+11,2+12,7	O	Couv., couv., couv.	Apog.
11	766,84-764,00	+ 9,5+13,6	S O	Couv., couv., couv.	Eq. L.
12	761,60-757,30	+ 7,7+12,2	S	Couv., couv., couv.	
13	750,06-743,00	+ 5,7+12,5	S O fort	Couv., pl. f. averse.	
14	745,32-735,20	+ 5,5+8,7	S S O	Beau,lég.nuag., pluie.	
15	729,40-743,10	+ 0,2+6,2	N O	Pl. et n., co., tr.-n.	
16	741,24-748,62	+ 1,7+4,7	O	Couv,petite pl.,pluie.	P. L.
17	751,22-754,54	— 0,0+3,5	S S O	Couv., couv., couv.	
18	758,90-761,72	— 2,2+4,9	O	Beau, beau, beau,	L. B.
19	762,32-756,16	— 4,5+2,0	S O	Beau, nuag., couv.	
20	749,92-746,50	+ 1,7+3,0	E	Neige, brouill., couv.	
21	749,66-748,90	+ 1,7+4,4	N E	Brouill., c., pl. fine.	
22	763,60-755,78	+ 0,6+4,7	N E	Pl. fine, pluie, neige.	
23	759,60-762,00	— 2,0+1,0	N E	Couv., couv., beau.	D. Q.
24	763,92-768,70	— 1,2+0,5	N E	Couv., couv., couv.	Périg.
25	770,16-771,64	— 1,7—0,1	N E	Couv., couvert, beau.	
26	772,38-768,28	— 2,0+9,0	N E	Beau, beau, beau.	Eq. L.
27	765,14-760,80	— 3,4—1,0	NE	Beau, nuag., couvert.	
28	758,40-759,36	— 4,2—0,2	N O	Beau, nuag., couvert.	
29	762,90-764,08	— 7,5—0,2	S E	Beau, beau, couvert.	
30	761,32-759,08	— 3,0+2,0	E	Couv., couvert,qq.écl.	N. L. Conj.

Eau tombée, 36^{mm},7.

PHASES LUNAIRES
N. L. le 1, à 9 h. 49 m. du matin.
P. Q. le 9, à 0 h. 43 m. du matin.
P. L. le 16, à 11 h. 17 m. du soir.
D. Q. le 23, à 11 h. 14 m. du soir.
N. L. le 30, à 11 h. 1 m. du soir.

OBSERVATOIRE (DÉCEMBRE 1815) DE PARIS.

J. solaires	BAROMÈTRE	THERMOMÈTRE		VENTS	ASPECT DU CIEL	PHASES et POINTS lunaires
1	759,64-764,60	+ 2,0	+ 6,7	S	Couv., pluie, couv.	
2	766,92-764,96	+ 1,2	+ 4,2	S	Brouil., couv., couv.	L. A.
3	762,90-761,72	+ 3,7	+ 6,9	SSE	Brouill., couv., beau.	
4	761,22-756,00	+ 3,7	+ 9,7	SO fort	Brouil., couv., beau.	Conj.
5	758,72-749,20	+ 4,5	+ 7,0	O	Couv., couv., pluie.	
6	745,56-740,90	+ 3,6	+ 6,0	ONO	Tr.-nuag. couv. pluie.	
7	745,40-752,08	− 1,2	+ 3,5	NE	Couv., couv., couv.	Apog.
8	754,20-756,00	− 6,5	− 5,3	NE	Couv., couv., couv.	P. Q.
9	756,70-759,94	− 7,5	− 6,7	NE	Neige, couv., couv.	Eq. L.
10	764,30-767,64	− 9,5	− 4,5	NNE	Nuag., beau, neige.	
11	768,50-769,96	− 4,7	− 2,5	NE	Nuag., beau., couv.	
12	767,16-770,00	− 4,7	− 1,2	SO	Couv., neige, grésil.	
13	767,56-766,66	− 0,2	+ 1,2	SO	Brouil., brouil., pluie.	
14	768,64-767,80	− 0,2	+ 4,2	S	Brouil., brouil., couv.	
15	763,24-756,64	+ 1,2	+ 3,2	SSO	Brouil., brouil., couv.	P. L.
16	747,00-737,32	+ 5,0	+ 8,0	SO fort	Couv., t. hum., pluie.	L. B.
17	740,72-746,30	− 0,0	+ 3,5	OSO	Neige, n. fine, neig.	
18	747,38-746,20	− 0,7	+ 2,2	S	Tr.-nu., couv., couv.	
19	751,20-753,12	+ 1,0	+ 3,2	O	Nuag., couv., p. et n.	Périg.
20	748,64-744,60	+ 2,5	+ 5,7	S fort	Pluie, couv., couv.	
21	745,56-747,40	+ 5,5	+ 7,2	SO fort	Pluie, couv., pluie.	
22	747,80-754,90	− 1,0	+ 5,5	O	Tr.-nu., tr.-n., beau.	
23	757,12-753,42	− 2,2	+ 0,2	SE	Nuag., couv., couv.	D. Q.
24	748,50-746,88	− 1,0	+ 3,0	SO	Couv., tr.-n., p. pluie.	Eq. L.
25	748,82-756,50	− 0,5	+ 4,1	O	Couv., nuag., neige.	
26	756,40-746,76	− 1,0	+ 2,7	S	Couv., couv., couv.	
27	742,28-755,08	+ 1,2	+ 7,9	O	Pluie, pluie, beau.	
28	761,00-759,38	− 0,5	+ 4,7	SO	Couv., couv., p. pluie.	Conj.
29	763,00-764,14	+ 8,5	+10,0	O	Couv., couv., couv.	
30	764,50-772,12	+ 3,5	+ 8,7	NO	Nuag., nuag., nuag.	N. L.
31	774,36-772,72	+ 1,5	+ 5,2	NE	Couv., tr.-nuag., nu.	L. A.

Eau tombée, 46 mm,3

PHASES LUNAIRES.
P. Q. le 8, à 9 h. 59 m. du soir.
P. L. le 16, à 1 h. 8 m. du soir.
D. Q. le 23, à 7 h. 18 m. du matin.
N. L. le 30, à 5 h. 0 m. du soir.

N° X

TABLEAUX

DU LEVER ET DU COUCHER DU SOLEIL ET DE LA LUNE

POUR CHAQUE JOUR

DE

L'ANNÉE 1872 (*)

(*) Ces tableaux ne s'appliquent qu'à la latitude de Paris. Pour les autres latitudes, il y aurait une petite correction à faire dans le chiffre des minutes, aux lever et coucher du soleil. Mais ces corrections n'ont pas une grande importance pour les usages de la vie civile, et elles nous prendraient un espace que le petit cadre de cette publication ne nous permet pas de leur consacrer.

— 56 —

| Jours du mois. | JANVIER 1872 |||| Jours du mois. | FÉVRIER 1872 |||| Jours du mois. | MARS 1872 ||||
| | SOLEIL || LUNE || | SOLEIL || LUNE || | SOLEIL || LUNE ||
	Lever.	Coucher.	Lever.	Coucher.		Lever.	Coucher.	Lever.	Coucher.		Lever.	Coucher.	Lever.	Coucher.
	h. m.	h. m.	h. m. soir.	h. m. matin		h. m.	h. m.	h. m.	h. m. matin		h. m.	h. m.	h. m.	h. m. matin
1	7.56	4.12	9.53	11.14	1	7.33	4.55	—	10.35	1	6.45	5.41	—	9.24
2	7.56	4.13	11. 3	11.32				matin					matin	
3	7.56	4.14		11.51	2	7.32	4.57	0.31	10.57	2	6.43	5.43	0.56	9.54
			matin	soir.	3	7.30	4.59	1.49	11.23	3	6.41	5.44	2.14	10.33
4	7.56	4.15	0.15	0.10	4	7.29	5. 0	3. 9	11.57	4	6.39	5.46	3.27	11.25
5	7.55	4.16	1.30	0.31					soir.					soir.
6	7.55	4.17	2.48	0.55	5	7.27	5. 2	4.27	0.41	5	6.37	5.47	4.31	0.30
7	7.55	4.18	4. 9	1. 25	6	7.26	5. 3	5.39	1.39	6	6.35	5.49	5.21	1.45
8	7.55	4.19	5.32	2. 4	7	7.24	5. 5	6.40	2.50	7	6.33	5.51	6. 0	3. 7
9	7.54	4.21	6.51	2.56	8	7.23	5. 7	7.28	4.11	8	6.31	5.52	6.31	4.29
10	7.54	4.22	8. 1	4. 3	9	7.21	5. 8	8. 4	5.35	9	6.29	5.54	6.56	5.49
11	7.53	4.23	8.56	5.21	10	7.20	5.10	8.32	6.58	10	6.27	5.55	7.17	7. 7
12	7.53	4.25	9.37	6.44	11	7.18	5.12	8.55	8.18	11	6.25	5.57	7.37	8.23
13	7.52	4.26	10. 9	8. 7	12	7.16	5.13	9.16	9.34	12	6.23	5.59	7.57	9.37
14	7.52	4.27	10.34	9.27	13	7.15	5.15	9.36	10.46	13	6.21	6. 0	8.17	10.49
15	7.51	4.29	10.55	10.41	14	7.13	5.17	9.55	11.56	14	6.19	6. 1	8.39	11.59
16	7.50	4.30	11.14	11.52	15	7.11	5.18	10.16	—	15	6.16	6. 3	9. 6	—
17	7.49	4.32	11.33						matin					matin
				matin	16	7. 9	5.20	10.40	1. 5	16	6.14	6. 4	9.39	1. 5
18	7.49	4.33	11.55	1. 2	17	7. 8	5.22	11. 9	2.12	17	6.12	6. 6	10.19	2. 7
			soir.		18	7. 6	5.23	11.43	3.16	18	6.10	6. 7	11. 6	3. 2
19	7.48	4.35	0.15	2.11				soir.					soir.	
20	7.47	4.36	0.40	3.18	19	7. 4	5.25	0.25	4.15	19	6. 8	6. 9	0. 1	3.49
21	7.46	4.38	1.10	4.23	20	7. 2	5.27	1.15	5. 7	20	6. 6	6.10	1. 2	4.27
22	7.45	4.39	1.46	5.25	21	6.59	5.28	2.13	5.51	21	6. 4	6.12	2. 8	4.59
23	7.44	4.41	2.30	6.22	22	6.58	5.30	3.17	6.27	22	6. 2	6.13	3.18	5.25
24	7.43	4.42	3.23	7.11	23	6.57	5.31	4.24	6.56	23	6. 0	6.15	4.30	5.47
25	7.42	4.44	4.23	7.52	24	6.55	5.33	5.34	7.21	24	5.58	6.16	5.42	6. 7
26	7.41	4.45	5.28	8.26	25	6.53	5.35	6.45	7.43	25	5.55	6.18	6.55	6.26
27	7.39	4.47	6.36	8.54	26	6.51	5.36	7.56	8. 2	26	5.53	6.19	8.10	6.44
28	7.38	4.49	7.45	9.17	27	6.49	5.38	9. 8	8.20	27	5.51	6.21	9.27	7. 4
29	7.37	4.50	8.54	9.37	28	6.47	5.40	10.22	8.39	28	5.49	6.22	10.46	7.28
30	7.36	4.52	10. 4	9.56	29	6.46	5.41	11.38	9. 0	29	5.47	6.24	—	7.56
31	7.34	4.54	11.16	10.15									matin	
										30	5.45	6.25	0. 5	8.32
										31	5.43	6.27	1.20	9.19

— 57 —

Jours du mois	AVRIL 1872 SOLEIL Lever.	Coucher.	LUNE Lever.	Coucher.	Jours du mois	MAI 1872 SOLEIL Lever.	Coucher.	LUNE Lever.	Coucher.	Jours du mois	JUIN 1872 SOLEIL Lever.	Coucher.	LUNE Lever.	Coucher.
	h. m.	h. m.	h. m. matin	h. m. matin		h. m.	h. m.	h. m. matin	h. m. matin		h. m.	h. m.	h. m. matin	h. m. soir.
1	5.41	6.28	2.26	10.19	1	4.42	7.13	2.38	11.55 soir.	1	4. 3	7.52	2.12	2.49
2	5.39	6.30	3.20	11.29 soir.	2	4.41	7.14	3. 5	1.14	2	4. 3	7.53	2.30	4. 0
3	5.37	6.31	4. 2	0.47	3	4.39	7.16	3.27	2.31	3	4. 2	7.54	2.49	5.11
4	5.34	6.33	4.34	2. 8	4	4.37	7.18	3.47	3.46	4	4. 1	7.55	3.10	6.22
5	5.32	6.34	4.59	3.28	5	4.35	7.19	4. 5	4.59	5	4. 1	7.56	3.36	7.31
6	5.30	6.36	5.21	4.45	6	4.33	7.20	4.23	5.11	6	4. 0	7.57	4. 8	8.35
7	5.28	6.37	5.41	6. 1	7	4.32	7.22	4.43	7.23	7	4. 0	7.58	4.46	9.32
8	5.26	6.39	5.59	7.15	8	4.31	7.23	5. 6	8.34	8	3.59	7.58	5.31	10.21
9	5.24	6.41	6.18	8.28	9	4.29	7.24	5.34	9.42	9	3.59	7.59	6.24	11.1
10	5.22	6.42	6.40	9.40	10	4.28	7.25	6. 7	10.44	10	3.59	8. 0	7.25	11.33
11	5.20	6.43	7. 5	10.50	11	4.26	7.27	6.48	11.38	11	3.58	8. 0	8.30	11.58
12	5.18	6.45	7.35	11.55	12	4.25	7.29	7.37		12	3.58	8. 1	9.37	matin
13	5.16	6.46	8.11		13	4.24	7.30	8.34	matin 0.24	13	3.58	8. 1	10.45	0.20
14	5.14	6.48	8.55	matin 0.54	14	4.22	7.31	9.37	1. 1	14	3.58	8. 2	11.53 soir.	0.39
15	5.12	6.50	9.48	1.44	15	4.21	7.32	10.43	1.31	15	3.58	8. 3	1. 3	0.57
16	5.10	6.51	10.47	2.26	16	4.19	7.33	11.51 soir.	1.55	16	3.58	8. 3	2.16	1.14
17	5. 8	6.52	11.52 soir.	3. 0	17	4.18	7.35	1. 0	2.15	17	3.58	8. 3	3.33	1.33
18	5. 6	6.54	1. 0	3.28	18	4.17	7.36	2.11	2.34	18	3.58	8. 4	4.54	1.54
19	5. 4	6.55	2.10	3.51	19	4.16	7.37	3.24	2.52	19	3.58	8. 4	6.17	2.20
20	5. 2	6.56	3.21	4.11	20	4.15	7.39	4.41	3.10	20	3.58	8. 4	7.39	2.55
21	5. 0	6.58	4.34	4.30	21	4.13	7.40	6. 1	3.31	21	3.58	8. 5	8.53	3.42
22	4.58	7. 0	5.50	4.48	22	4.12	7.41	7.24	3.55	22	3.58	8. 5	9.53	4.44
23	4.56	7. 1	7. 8	5. 7	23	4.11	7.42	8.48	4.25	23	3.58	8. 5	10.38	5.58
24	4.54	7. 2	8.28	5.29	24	4.10	7.43	10. 6	5. 5	24	3.59	8. 5	11.12	7.21
25	4.52	7. 4	9.49	5.56	25	4. 9	7.44	11.12	5.58	25	3.59	8. 5	11.38	8.45
26	4.50	7. 5	11. 9	6.30	26	4. 8	7.46		7. 4	26	3.59	8. 5		10.7
27	4.49	7. 7	matin	7.14	27	4. 7	7.47	matin 0. 3	8.20	27	4. 0	8. 5	matin 0. 0	11.25 soir.
28	4.48	7. 8	0.20	8.10	28	4. 6	7.48	0.42	9.41	28	4. 0	8. 5	0.19	0.59
29	4.46	7.10	1.19	9.18	29	4. 6	7.49	1.11	11.2 soir.	29	4. 1	8. 5	0.37	1.51
30	4.44	7.11	2. 4	10.35	30	4. 5	7.50	1.34	0.21	30	4. 1	8. 5	0.56	3. 2
					31	4. 4	7.51	1.54	1.36					

JUILLET 1872 — AOUT 1872 — SEPTEMBRE 1872

Jours du mois	SOLEIL Lever	SOLEIL Coucher	LUNE Lever	LUNE Coucher	Jours du mois	SOLEIL Lever	SOLEIL Coucher	LUNE Lever	LUNE Coucher	Jours du mois	SOLEIL Lever	SOLEIL Coucher	LUNE Lever	LUNE Coucher
	h. m.	h. m.	h. m. matin	h. m. soir.		h. m.	h. m.	h. m. matin	h. m. soir.		h. m.	h. m.	h. m. matin	h. m. soir.
1	4. 2	8. 5	1.16	4.12	1	4.34	7.37	1.24	6.15	1	5.17	6.42	3. 8	6.35
2	4. 3	8. 4	1.40	5.21	2	4.35	7.36	2.14	7. 0	2	5.19	6.40	4.15	6.57
3	4. 3	8. 4	2. 8	6.26	3	4.37	7.34	3.11	7.36	3	5.20	6.38	5.24	7.15
4	4. 4	8. 4	2.43	7.25	4	4.39	7.33	4.13	8. 6	4	5.21	6.36	6.33	7.31
5	4. 5	8. 3	3.26	8.17	5	4.40	7.31	5.18	8.30	5	5.23	6.34	7.42	7.48
6	4. 5	8. 3	4.18	9. 0	6	4.41	7.30	6.25	8.50	6	5.24	6.32	8.52	8. 6
7	4. 6	8. 2	5.17	9.34	7	4.42	7.28	7.33	9. 8	7	5.26	6.29	10. 4	8.25
8	4. 7	8. 2	6.21	10. 2	8	4.43	7.27	8.41	9.25	8	5.27	6.27	11.20	8.48
9	4. 8	8. 1	7.27	10.25	9	4.45	7.25	9.50	9.42					soir.
10	4. 9	8. 1	8.34	10.44	10	4.46	7.23	11. 0	10. 0	9	5.28	6.25	0.37	9.18
11	4.10	8. 0	9.42	11. 2					soir.	10	5.30	6.23	1.53	9.57
12	4.11	7.59	10.50	11.19	11	4.48	7.22	0.13	10.21	11	5.31	6.21	3. 4	10.49
13	4.12	7.59	11.59	11.37	12	4.50	7.20	1.30	10.46	12	5.33	6.19	4. 6	11.56
				soir.	13	4.51	7.18	2.48	11.19	13	5.34	6.17	4.55	
14	4.13	7.58	1.12	11.56	14	4.52	7.16	4. 6						matin
15	4.14	7.57	2.29	—					matin	14	5.36	6.15	5.33	1.15
				matin	15	4.53	7.15	5.17	0. 4	15	5.37	6.13	6. 9	2.40
16	4.15	7.56	3.49	0.19	16	4.54	7.13	6.15	1. 4	16	5.38	6.11	6.25	4. 6
17	4.16	7.55	5.10	0.49	17	4.56	7.11	7. 0	2.19	17	5.40	6. 8	6.45	5.30
18	4.17	7.54	6.28	1.28	18	4.57	7. 9	7.35	3.45	18	5.41	6. 6	7. 5	6.51
19	4.18	7.53	7.35	2.20	19	4.59	7. 7	8. 2	5.11	19	5.43	6. 4	7.25	8.10
20	4.19	7.52	8.28	3.29	20	5. 0	7. 5	8.24	6.37	20	5.44	6. 2	7.46	9.27
21	4.20	7.51	9. 8	4.51	21	5. 2	7. 3	8.44	7.59	21	5.46	6. 0	8.10	10.43
22	4.21	7.50	9.38	6.17	22	5. 3	7. 1	9. 3	9.18	22	5.47	5.58	8.39	11.56
23	4.22	7.49	10. 2	7.43	23	5. 4	6.59	9.23	10.35					soir.
24	4.24	7.48	10.23	9. 6	24	5. 6	6.57	9.45	11.49	23	5.48	5.56	9.15	1. 4
25	4.25	7.47	10.41	10.24					soir.	24	5.50	5.53	9.59	2. 5
26	4.26	7.45	11. 0	11.39	25	5. 7	6.55	10.11	1. 1	25	5.51	5.51	10.51	2.56
				soir.	26	5. 9	6.53	10.42	2.10	26	5.53	5.49	11.50	3.38
27	4.27	7.44	11.20	0.52	27	5.10	6.51	11.20	3.14	27	5.54	5.47		4.12
28	4.29	7.43	11.43	2. 4	28	5.11	6.49		4.11				matin	
29	4.30	7.42	—	3.13				matin		28	5.56	5.45	0.55	4.39
			matin		29	5.13	6.47	0. 7	5. 0	29	5.57	5.43	2. 3	5. 1
30	4.31	7.40	0.10	4.19	30	5.14	6.45	1. 2	5.38	30	5.59	5.41	3.11	5.20
31	4.33	7.39	0.43	5.21	31	5.16	6.43	2. 3	6. 9					

OCTOBRE 1872 — NOVEMBRE 1872 — DÉCEMBRE 1872

Jours du mois	SOLEIL Lever	SOLEIL Coucher	LUNE Lever	LUNE Coucher	Jours du mois	SOLEIL Lever	SOLEIL Coucher	LUNE Lever	LUNE Coucher	Jours du mois	SOLEIL Lever	SOLEIL Coucher	LUNE Lever	LUNE Coucher
	h. m.	h. m.	h. m. matin	h. m. soir.		h. m.	h. m.	h. m. matin	h. m. soir.		h. m.	h. m.	h. m. matin	h. m. soir.
1	6. 0	5.39	4.20	5.30	1	6.48	4.39	6.52	4.54	1	7.34	4. 4	8.27	4.29
2	6. 2	5.37	5.30	5.55	2	6.49	4.37	8.10	5.20	2	7.35	4. 4	9.43	5.23
3	6. 3	5.34	6.41	6.12	3	6.51	4.36	9.30	5.54	3	7.36	4. 3	10.47	6.32
4	6. 4	5.32	7.54	6.30	4	6.53	4.34	10.48	6.38	4	7.37	4. 3	11.36	7.51
5	6. 6	5.30	9. 9	6.52	5	6.54	4.32	11.57	7.35	5	7.39	4. 2	0.12	soir. 9.13
6	6. 7	5.28	10.26	7.19	6	6.56	4.30	0.53 soir.	8.45	6	7.40	4. 2	0.39	10.36
7	6. 9	5.26	11.44	7.55 soir.	7	6.58	4.29	1.30	10. 5	7	7.41	4. 2	1. 1	11.57
8	6.10	5.24	0.58	8.42	8	7. 0	4.28	2. 8	11.27	8	7.42	4. 2	1.20	—
9	6.12	5.22	2. 2	9.44	9	7. 1	4.27	2.33	matin	9	7.43	4. 1	1.38	1.15
10	6.13	5.20	2.54	10.57	10	7. 3	4.25	2.54	0.48	10	7.44	4. 1	1.55	2.30
11	6.15	5.18	3.33	matin	11	7. 4	4.24	3.13	2. 7	11	7.45	4. 1	2.14	3.44
12	6.16	5.16	4. 3	0.17	12	7. 5	4.22	3.31	3.25	12	7.46	4. 1	2.37	4.58
13	6.18	5.14	4.27	1.41	13	7. 7	4.21	3.50	4.42	13	7.47	4. 1	3. 5	6.11
14	6.20	5.12	4.48	3. 4	14	7. 9	4.20	4.11	5.59	14	7.48	4. 1	3.39	7.22
15	6.21	5.10	5. 7	4.25	15	7.10	4.19	4.36	7.15	15	7.49	4. 2	4.21	8.27
16	6.23	5. 8	5.25	5.43	16	7.12	4.17	5. 5	8.28	16	7.50	4. 2	5.12	9.23
17	6.24	5. 6	5.46	7. 3	17	7.13	4.16	5.42	9.38	17	7.50	4. 2	6.12	10. 8
18	6.26	5. 4	6. 9	8.20	18	7.15	4.15	6.29	10.39	18	7.51	4. 2	7.17	10.44
19	6.27	5. 2	6.36	9.35	19	7.17	4.14	7.24	11.31	19	7.52	4. 3	8.23	11.12
20	6.29	5. 0	7. 9	10.47	20	7.18	4.13	8.25	soir. 0.12	20	7.52	4. 3	9.30	11.34
21	6.30	4.58	7.50	11.53 soir.	21	7.19	4.12	9.30	0.44	21	7.53	4. 3	10.38	11.53
22	6.32	4.56	8.40	0.50	22	7.21	4.11	10.37	1. 9	22	7.53	4. 4	11.45	soir. 0.10
23	6.33	4.55	9.37	1.36	23	7.22	4.10	11.45	1.30	23	7.54	4. 4	—	0.26
24	6.35	4.53	10.40	2.13	24	7.24	4. 9	—	1.48	24	7.54	4. 5	matin 0.53	0.42
25	6.37	4.51	11.47	2.42	25	7.25	4. 8	matin 0.52	2. 5	25	7.55	4. 6	2. 4	0.59
26	6.38	4.49	—	3. 6	26	7.27	4. 7	2. 1	2.22	26	7.55	4. 6	3.19	1.19
27	6.40	4.47	0.55	3.26	27	7.28	4. 6	3.12	2.38	27	7.55	4. 7	4.38	1.45
28	6.41	4.46	2. 3	3.44	28	7.30	4. 6	4.27	2.57	28	7.56	4. 8	5.58	2.19
29	6.43	4.44	3.12	4. 1	29	7.31	4. 5	5.45	3.20	29	7.56	4. 9	7.17	3. 6
30	6.45	4.42	4.23	4.17	30	7.32	4. 5	7. 6	3.49	30	7.56	4.10	8.28	4. 8
31	6.46	4.41	5.36	4.31						31	7.56	4.11	9.26	5.25

N° XI

NOMENCLATURE DES NUAGES.

Nous reproduisons cette année-ci la nomenclature des nuages, que nous avons donnée précédemment dans cet almanach, à l'article du traité spécial de météorologie.

Il nous a paru nécessaire de remettre sous les yeux des lecteurs les définitions des différentes formes de nuages, pour l'intelligence des noms employés, dans les observations de 1845, à désigner l'aspect du ciel à cette époque.

Nous nommons :

Ciel magnifique, le ciel sans aucun nuage, vapeur ou brouillard.

Ciel assez nuageux, ou *assez beau*, quand les nuages recouvrent environ la moitié de l'espace.

Ciel nuageux, ou *beau*, quand l'espace qu'ils recouvrent équivaut au quart de la calotte apparente du ciel; et *très-beau*, si les nuages sont rares.

Ciel très-nuageux, quand la surface qu'ils recouvrent équivaut aux trois quarts de la calotte apparente du ciel.

Ciel couvert, quand la couche des nuages accidentés cache entièrement la calotte du ciel

Ciel tamisé, quand la couche de nuages qui recouvrent le ciel est tout unie et comme nivelée ou passée au tamis.

Ciel enfumé, quand au-dessus de la couche tamisée courent des nuages ardoisés qui se déroulent comme une fumée ; ces flocons ne sont autres que des nuages de pluie que l'air comprimé par les nuages supérieurs lance par-dessus nos têtes et à de grandes distances vers la terre.

Ciel sombre et ardoisé, quand la couche de nuages qui recouvrent le ciel laisse passer fort peu de lumière.

Ciel givreux, ciel des temps froids, qui tamise assez de lumière et ressemble à un verre dépoli.

Ciel voilé, ciel que recouvre comme une vapeur qui tamise la lumière, et où le blanc vaporeux remplace le bleu du ciel.

Ciel vaporeux, quand le bleu du ciel est recouvert comme d'une gaze, par les vapeurs d'eau.

Ciel brouillardé, quand un brouillard raréfié permet de distinguer l'horizon et même le zénith.

Ciel pluvieux, quand il menace de la pluie.

Ciel gibouleux, quand d'instant en instant il passe au zénith des nuages qui déchargent des giboulées.

Ciel cerné, quand l'horizon est bordé et ceint de nuages ordinaires sans trop d'accidents de surfaces.

Ciel alpestre, quand les nuages qui cernent l'horizon présentent l'aspect d'immenses montagnes de neige, avec leurs immenses glaciers, leurs créneaux, leurs pitons, leurs contre-forts et leurs cimes qui se déforment et s'inclinent d'instant en instant en fondant sous l'action des rayons solaires. C'est du haut d'une colline ou d'un plateau, que l'on est plus à même de bien observer, à l'horizon, le magnifique panorama d'un *Ciel alpestre*. Ainsi, à Bellevue, Clamart, Bicêtre, au Mont-Valérien, à Montmartre et même sur la route d'Orléans, il n'est nullement rare d'observer ce magnifique phénomène; car l'œil plonge alors sur la surface supérieure de cette chaîne de montagnes de neige; tandis que, dans le fond d'un vallon, on ne voit les nuages que par leur surface inférieure, celle que la fusion de la neige et le filtrage de l'eau unissent et ardoisent. La majestueuse apparition de ces glaciers de nuages précède et prédit une pluie abondante là où le vent les charrie.

Ciel moutonné, lorsque les nuages s'avancent sous la voûte du ciel, isolés, mais rapprochés, égaux de forme et d'aspect, arrondis ou ovoïdes; enfin, par une image grossière, analogues à un troupeau de moutons aperçu à vol d'oiseau.

Ciel treillagé, quand le radeau de nuages par suite d'un mode de fusion partielle, aminci et comme découpé, forme un treillage de barres s'enlaçant régulièrement et sous un même angle variable chaque fois.

Ciel guilloché ou ciel des grands froids; offrant des surfaces recroquevillées en arabesques, et comme de ces arborisations qui recouvrent nos vitres.

Ciel digité, lorsque d'un point de l'horizon émergent, en divergeant, des filets longs et empennés de nuages, sous forme d'un éventail ; on dit alors *digité* par le point de la rose des vents sur lequel ces filets nuageux s'implantent : digité par N. ou S. ou N.-O., etc.

Ciel panaché, quand les nuages affectent la forme de longs panaches blancs.

Ciel interférent, à nuages en longues lames parallèles ou concentriques et normales à la direction qu'ils suivent.

Ciel strié, quand les nuages s'étirent en filets parallèles ou divergents.

Ciel aranéeux, quand le ciel est comme tendu d'une apparence de toile d'araignée, par un réseau de longs jets nuageux.

Ciel charriant, quand les nuages, en compartiments plus ou moins angulaires, voyagent comme de conserve et en gardant entre eux les mêmes espacements.

Ciel erratique, quand des nuages éblouissants de blancheur, sur leurs bords spécialement, voguent sous un ciel bleu sans aucune direction arrêtée, s'éloignent, se rapprochent et se confondent souvent, deux à deux ou trois à trois, pour former un nouveau nuage.

Ciel flottant, quand, sous un ciel bleu, un immense nuage, plus ou moins treillagé, vogue comme un de ces radeaux de bois flotté qui se laissent aller au courant du fleuve.

Un *nuage de pluie* déforme son profil au gré du vent et comme le fait un tourbillon de fumée ; il est sombre ou ardoisé.

Un nuage de neige est éblouissant de blancheur par la réflexion des rayons solaires, quand nous le voyons de face ; ardoisé, quand nous le voyons par-dessous. Il ne se déforme, il n'altère ses contours qu'en fondant aux rayons solaires ; on voit alors ses pitons se rapprocher mollement de ses vallées ou de ses collines, et ses flancs se creuser de vallées.

Un nuage de glace a ses bords anguleux et nettement tranchés ; il garde longtemps son profil ; il est souvent si transparent, qu'on voit les astres et le bleu du ciel, çà et là, à travers son épaisseur.

Le ciel flamboyant est le ciel magnifique, grandiosement coloré avant le lever ou après le coucher du soleil. Les nuages les plus flamboyants deviennent bleus, dès que les rayons du soleil ne les traversent plus.

Le ciel coloré, assez coloré, très-coloré est le ciel nuageux dont les nuages, occupant le quart, la moitié, les trois quarts du ciel, sont colorés d'un côté en aurore, en pourpre, jaune d'or ou en différentes nuances de ces trois couleurs, et de l'autre côté en bleu plus ou moins intense.

N. B. — Cette nomenclature peut suffire pour désigner l'aspect général du ciel, sauf, dans les observations journalières, à tenir compte des particularités exceptionnelles.

N° XII.

SUITE D'ORAGES

D'UN SINGULIER CARACTÈRE

SURVENUS APRÈS LES DEUX SIÉGES.

Le 14 juin 1871, à 8 heures du soir, coup de tonnerre subit et détonnant comme une pièce de 24 au-dessus de mon domicile rue de Bourgogne n° 29. On eût dit que l'éclair avait de nouveau mis le feu à une poudrière voisine élevée au plus haut des airs.

Le 21 juin suivant à 2 h. $^1/_4$, explosions analogues doubles à la distance d'une minute l'une de l'autre, après un simple éclair peu visible et distant de nous.

Je passe l'orage du 15 avril de la même année qui a commencé de même, à 1 heure moins 20 minutes du soir et a repris à 3 h. $^1/_4$, pendant deux minutes chaque fois, avec forte pluie.

Le 29 juillet suivant, à midi juste, nouvel orage après une belle matinée commencée avec une forte rosée; cet orage s'est fait ressentir jusqu'à Montmédy.

Un faible éclair; quelques secondes après détonation lointaine formée comme par une chute de grêle sur un nuage inférieur. Quelquefois pas d'éclair visible et subite détonation; et cela recommençait tous les quarts d'heure.

Vers 6 heures du soir, quatre de ces détonations non précédées d'éclairs; idem à 6 h. 5 min.; idem à 6 h. 6 min.

A 6 h. 1/4 le soleil se montre à travers les nuages qui vont par Sud-Ouest.

A 7 heures moins 10 min., magnifique coucher de soleil et silence depuis 6 h. 6 min.

A 7 h. 2 min., arc-en-ciel interrompu en face du beau soleil couchant, et nuage tout de pourpre qui s'avance vers le sommet de l'arc-en-ciel; autre nuage tout purpurin au sud-est; un peu plus tard, vers la nuit nos savants auraient cru le phénomène digne de leur science, et ils auraient décrit ce phénomène sous le nom d'*aurore boréale!* FUCUM PECUS!

30 juillet. — 1 h. 25 min., grand coup de tonnerre sans éclair suivi d'une forte pluie.

3 h. 17 min., nouveau coup de tonnerre sans éclair visible.

3 h. 20 min., de même et approche d'un vaste nuage noir.

1er août 1871. — 8 h. du matin, fort brouillard à l'horizon sur la Bièvre et grande rosée.

9 heures, brouillard dissipé.

10 h. moins 10 min., tonnerre lointain sans éclair.

2 août. — 6 heures du matin, forte rosée.

3 août. — 2 heures moins un quart, coup de tonnerre sans éclair au-dessus de notre vallée.

2 h. moins 18 min., même coup de tonnerre et ciel couvert.

2 h. moins 6 min., même coup de tonnerre sans éclair.

2 h. moins 2 min., même coup de tonnerre.

2 h. 10 min., coup de tonnerre très-lointain, mais toujours sans éclair visible.

2 h. 23 min., même coup sans éclair.

2 h. 28 min., même coup de tonnerre précédé d'un éclair faible.

2 h. 30 min., coup de tonnerre sans éclair.

2 h. 31 min., deux coups faibles sans éclair, petite pluie.

2 h. 32 min., coup de tonnerre, avec éclair faible.

2 h. 32 m. 30 s., tonnerre précédé d'un éclair, forte pluie.

2 h. 33 min., fort coup de tonnerre avec éclair.

2 h. 34 min., fort coup de tonnerre avec éclair.

2 h. 35 min., fort coup de tonnerre avec faible éclair.

2 h. 39 min.   id.   id.
2 h. 41 min.   id.   id.

Je cesse de compter tant cela se répète exactement de minute en minute.

2 h. 47 min., grand coup de tonnerre lointain avec faible éclair.

2 h. 48 min., il me semble entendre comme des mouvements lointains et continus.

2 h. 56 min., coup violent de tonnerre avec faible éclair.

3 h. 3 m. 30 s., violent coup de tonnerre.

3 h. 8 min., coup de tonnerre et faible éclair.

3 h. 12 min., violent coup de tonnerre, faible éclair.

Inondation de notre rue, on ne distingue plus un pavé ; depuis 1863 on n'avait pas vu un tel déluge ; les rues basses d'Arcueil sont couvertes de cailloux roulés entraînés par la force de l'eau.

14 août. — Depuis 10 heures du matin à 2 heures, répétition des mêmes circonstances ; idem le 15 août et puis le 17. Coups de tonnerre sans éclairs.

Remarquez que la pleine lune tombait le 31 juillet à 9 h. 26 min. du soir, et la nouvelle lune le 16 août à 7 h. 11 min. du matin.

L'arrivée des deux orages est conforme à nos principes de météorologie, quant à la position dans *l'Almanach* : mais quant aux circonstances, qui semblent s'en éloigner, cela tient à différentes causes que nous allons expliquer, et l'on verra qu'à ce point de vue, elles s'y rangent de la manière la plus naturelle.

OBSERVATIONS EXPLICATIVES.

Le 5 mai 1871, le professeur italien Alexandre Dorna observa une comète au télescope ; cette comète devait être en vue du soleil et de la terre le 13 juin.

Un fait qui se rattache à l'influence de la même

comète, c'est l'incendie qui a embrasé la grande et belle ville de Chicago, sur le lac Michigan et à la même latitude que New-York (Amérique du Nord), le 9 octobre, et a dévoré la ville en deux jours. A la suite, sept à huit comtés du Wisconsin sont en proie également à des incendies tels qu'on n'en a jamais vus dans ces contrées. La sécheresse y a été si intense, en août, qu'elle a tari les sources, ruisseaux et rivières et grillé la terre à une telle profondeur que, dans l'incendie, le sol lui-même prend feu et que les arbres brûlent par la racine et retombent tout vivants sur le terrain.

La présence de cette comète coïncidait avec l'apparition de la fièvre jaune, à *Buenos-Ayres* et sur les îles et le pourtour du golfe du Mexique, et du choléra en Perse, à Constantinople et en Russie; mais en France et dans les royaumes voisins absence complète de choléra.

D'où vient cette préservation privilégiée de la France ?

Évidemment de l'immense combustion de poudre qu'a fait consommer en France la présence de nos envahisseurs, et cela des deux côtés dans des proportions jusqu'alors inouïes.

Nous avons démontré ailleurs (*) que la flamme purifie l'air des miasmes et des insectes auteurs du *choléra* (**) : or quelle plus grande déflagration a dû pré-

---

(*) LE CHOLÉRA en 1865 et 1866, 3e édition, par F. V. RASPAIL, 1866, pag. 16.

(**) Je viens de voir (2 octobre 1871) qu'un Américain, M. Hutchins, vient de se vanter de guérir le *choléra* en brûlant

server la France que celle produite par les Allemands voleurs de nos pendules, non des anciennes heureusement, et ensuite par Versailles, sur lequel je n'ai mission de parler d'aucune manière ni à droite ni à gauche; *ex æquo*.

Mais une fois que la comète a détourné de la terre son influence de sécheresse et d'attraction en haut des miasmes, qui, en son absence, sommeillent dans les entrailles de la terre, toutes ces vapeurs peu à peu accumulées dans les régions supérieures de l'atmosphère finissent, dès la disparition de son influence, par s'amonceler et par descendre en pluies torrentielles, et un jour, peut-être, en un cataclysme capable de bouleverser la géologie du globe.

Seulement et pour cette fois, les pluies se sont abaissées avec un caractère spécial d'intonation que lui ont communiqué les fulminates dont elles étaient chargées; on eût dit que chaque détonation était une explosion de grêle produite par le choc de deux nuages de glace superposés, et cela avec bien moins de flamme que de bruit; détonation de catapulte.

de la poudre. C'est un peu plus cher et moins sain que de brûler des broussailles; mais ce n'est pas nouveau. Aussi toute la sainte *presse*, libérale, ou non, a porté aux nues la découverte patronnée par M. Dumas, le grand patron des sinécuristes et des plagiaires.

N° XIII.

ILLUSIONS VISUELLES

DANS LES OBSERVATIONS.

J'en détermine chaque jour quelques-unes. Par exemple vous savez qu'on a cru rencontrer, à la surface de la lune, des cratères de volcans éteints. Pour obtenir un volcan, il faudrait que la lune eût de l'eau de fleuves ou de mer ; or la lune est sans eau, puisqu'elle est sans atmosphère visible par ses nuages : voilà les cratères réfutés par la réalité. Voici les illusions qui y ont fait croire :

On a observé sur sa surface éclairée des cercles blancs sur les bords et noirs sur l'aire ; aux yeux de l'astronome, le noir était un creux ; et un creux semblable ne pouvait être autre chose qu'un cratère. Or le cratère apparent est une illusion qui tient au trop grand rapprochement du foyer de la lentille ; si vous éloignez le foyer, tout le noir de l'image devient blanc, et, au lieu d'une surface creuse, vous avez un cône ; et en voici la raison visuelle, obtenue à l'aide de la plus banale des expériences : Prenez d'abord une assiette bien blanche sur laquelle auront chu certains plats tels que le *macaroni* ; lorsque tout aura été servi, vous trouverez le fond du plat souvent couvert de petits cônes isolés les uns des autres: observez-les avec une lentille ordinaire et vous verrez chacun de ces cônes se transformer alternativement en ces prétendus cratères et reprendre la forme conique, selon que vous éloignerez ou que vous rapprocherez la lentille.

En effet, si vous rapprochez trop la lentille vous verrez la base du cône seulement mais non les surfaces supérieures du cône, dont aucun des rayons de lumière réfléchis n'arrivera à travers l'ouverture de votre œil; or l'absence des rayons de lumière, c'est le noir.

Éloignez au contraire la lentille; et tous les rayons réfléchis, arrivant à travers l'ouverture de votre œil, chacun à sa distance, vous les verrez tous quoique inégalement, ce qui constitue le cône vu à vol d'oiseau.

Autre source d'illusion : le 13 novembre 1867, (la pleine lune ayant eu lieu le 12 au matin), un brouillard vint, à 8 heures du matin, s'interposer entre la lune et notre horizon; les taches de l'astre ont paru plus ombrées; mais l'un des points brillants que l'on regarde comme des cratères éteints de la lune (*), est devenu rutilant; avant le brouillard, il était tout blanc; ce point rutilant n'a pas duré longtemps à cause du mouvement de la lune; mais ce

---

(*) Ce point, au nord de la lune, est désigné sous le nom d'*Aristoteles*, sur la carte de Cassini; il est opposé à celui du sud qui prend le nom de *Ticho-Brahé*.

peu de durée est une preuve de plus en faveur de la thèse que nous soutenons et achève de démontrer que sa rutilance provenait uniquement de l'interposition du brouillard, qui produisait sur ce point, avec plus d'intensité, ce que le brouillard du matin ou du soir produit sur le disque du soleil levant ou couchant; qu'il enflamme d'un rouge rutilant et éblouissant, d'un rouge intense et que supporte mieux la vue.

Il ne faut jamais perdre de vue que les couleurs se forment dans les différentes zones de l'œil qui leur sont affectées, et que ce qui arrive rouge pourrait arriver blanc par la réfraction d'un corps solide ou liquide interposé.

N° XIV.

LES ROIS

ET LES GRANDS SEIGNEURS DE L'EUROPE

PEUVENT

AVEC LA TOLÉRANCE DE LEURS CONFESSEURS,

AVOIR, SI CELA LEUR PLAIT, UN SÉRAIL,

AINSI QUE

LE GRAND SEIGNEUR DE LA PORTE,

ET DE LEURS

PROGÉNITURES, SE FAIRE PRESQUE LES SATURNES.

- La PREMIÈRE PARTIE de cette proposition est suffisamment démontrée, et par l'exemple du fils de Mazarin qui s'intitula LOUIS XIV, et par le *Parc-aux-Cerfs* de LOUIS XV, deux personnages à qui les pères LACHAISE et LE TELLIER, deux SAINTS jésuites, d'un côté, et de l'autre le cardinal DE FLEURY, passèrent amplement cette fantaisie doublée d'adultère ; et, dans nos derniers jours, n'avons-nous pas eu un exemple de ce genre, qui sera sans doute le dernier, dans la conduite scandaleuse d'une autre espèce de...... (je n'ose pas dire le mot, qui n'est pas très-propre, si ce n'est en style de *blason*), et qui ne s'est pas fait faute de la tolérance de son confesseur jésuite, pour se donner de semblables permissions avec les dames ou demoiselles de sa cour, les unes après les autres ? Pardonnons-lui, à la condition qu'il nous laisse libre d'expier ses scandales, dans la réorganisation morale de la société, dont de pareils exemples, pendant vingt ans, ont corrompu le courage et la vertu.

La seconde partie, je vais la démontrer tout au long par l'histoire horrible d'un nouveau cas à inscrire dans les fastes odieux de Louis XV.

Cela fera suite au fait produit dans l'*Almanach* pour 1869 (page 146), où je vous ai décrit le martyre inouï de la fille du bon et grand philosophe, le prince de Conti et de la scélérate duchesse de Mazarin, laquelle finit par empoisonner cet ami de Rousseau, afin de sauver en toute liberté son propre prétendu honneur.

Genre de persécution féroce exercée sur cette intéressante créature, à l'instant où Louis XV allait la reconnaître comme princesse du sang! Je renvoie le lecteur à cette triste histoire. La marquise de Brinvilliers et la duchesse de Mazarin ont dû se serrer la main, dans l'autre monde; et ce jour-là nous aurons dû avoir un terrible tremblement de terre.

TORTURES DE TOUT GENRE
exercées par le nommé
BLANCHEFORT SE DISANT DE CRÉQUI,
attaché à la
Maison de Monsieur,
CONTRE LE FILS DE LOUIS XV
ET DE LA DEMOISELLE DE MONTMORENCY.

Louis XV, longtemps avant d'épouser la princesse Leczinska, avait contracté un mariage secret, et dès l'âge de 13 à 14 ans, époque de sa majorité en 1723, avec Élisabeth de Montmorency, princesse de Freyberg et Schitzemberg (*principautés situées tout près de Vienne*). Ne l'ayant sans doute pas trouvée assez libertine pour ses goûts particuliers, il la congédia secrètement, mais en présence de plusieurs témoins, pour épouser publiquement, vers 1737, la princesse Leczinska qu'il abandonna en secret, et qu'il aurait sans doute congédiée, encore pour le même motif, si le divorce avait été d'usage en France.

Ce fait, très-peu connu des historiens, a été démontré d'une vérité complète, devant l'Assemblée nationale, en novembre 1791.

De ce mariage secret, il naquit, en 1737, l'enfant qui plus tard dut prendre, par ordre du roi, le nom de Créqui (Jacques-Charles), comme fils d'Alphonse de Créqui, envoyé extraordinaire de France à Vienne, où il avait fait la connaissance de la princesse de Montmorency.

1°. — Jeux des rois avec la paternité.

Louis XV avait consenti à cette union en 1736, à la condition que le fils de ses œuvres qui devait naître porterait le nom de Créqui.

Les rois se jouent ainsi, quand il leur plaît, de leur paternité.

Le mariage eut lieu à Paris; et là, avec la permission du roi, la dot de la princesse passa tout entière entre les mains d'Alphonse de Créqui. Mais peu de temps après, la princesse ne trouva pas plus de fidélité dans son époux public que dans son époux secret, et elle se retira dans ses principautés près de Vienne, tandis que de Créqui vivait en concubinage avec une demoiselle de son pays. Celle-ci, connaissant la bâtardise de Créqui le fils, ne se faisait pas faute d'exercer, sur le malheureux enfant d'un malheureux amour, toutes les contrariétés que peuvent inspirer à une haine commune la vengeance et la persécution.

2°. — Comment, avec la permission du roi le père, les pères putatifs se jouent de leur sinécure.

Cette femme suggéra à de Créqui l'idée de faire, de son prétendu fils, un moine, c'est-à-dire un homme nul et censé inutile pour la propagation de l'espèce humaine; on lui donna en conséquence comme gouverneur l'abbé Goudin d'Arostey; il fut par force tonsuré; mais l'enfant de Louis XV échappa à Goudin d'Arostey et au cachot monacal; il avait alors vingt ans. Il s'enfuit à l'étranger.

3°. — L'épouse chassée fut rappelée, pour faire rendre gorge à l'époux putatif.

Mlle de Montmorency se vit forcée, par l'ordre de Louis XV, de rentrer en France, vers l'année 1748 à 1749, sur la nouvelle d'une maladie d'Alphonse de Créqui qui l'avait mis aux portes du tombeau. Créqui, ayant reçu la dot de Mlle de Montmorency, fut contraint de reconnaître, par testament, le fils de Louis XV comme légataire universel; et le testament indiquait pour constater l'identité de l'enfant, un signe, une singulière empreinte que la nature ou l'art avait gravée, sur la cuisse droite en devant et sur toute l'étendue de la fesse; empreinte imitant une espèce de *chandelier à sept branches* ou *créquier* (*).

4°. — Par la même occasion, la 1ʳᵉ femme disparaît dans une retraite à jamais inconnue.

Louis XV profita de l'occasion pour faire entrer la princesse de Montmorency dans une maison de retraite, où elle a dû s'éteindre, pour couper court au scandale de ses réclamations ; et voilà enfin le fils de Louis XV exposé, presque sans défense, aux persécutions de tous les ministres qui avaient intérêt, ainsi que le roi, cet excellent père de famille, à cacher à toute la France l'engagement légitime qu'il avait contracté, sur la fin de sa minorité.

Alphonse de Créqui, l'ambassadeur du roi à Vienne, s'était prêté, pendant deux ans, à cette fourberie du roi, que favorisait de sa tolérance le précepteur, plus tard cardinal de Fleury. Pendant ce temps, de Créqui se consolait de son veuvage forcé dans les bras d'une

---

(*) On nomme *crèque*, en Artois, un cerisier nain et sauvage, qui se forme presque en sept branches. La célèbre famille de Créqui, connue depuis 897, avait pour *armoiries parlantes* un de ces CRÉQUIERS DE GUEULE (*rouge*) SUR UN CHAMP D'OR; mais cette famille s'éteignit en 1702. La nouvelle race, qui se substitua à elle, doit l'avoir fait par quelque raccord analogue à la manière de Blanchefort.

autre femme; ce que lui permettait, de son côté, le pieux curé de son endroit,

Il est avec le ciel des accommodements.

5°. — Retour en France du fils de Louis XV.

Notre fils de Louis XV, faussement nommé Créqui, revint en France sur la fin de 1773; il avait appris la mort de son père putatif Alphonse de Créqui, qui avait eu lieu en 1771; celui-ci avait laissé un nouveau testament qui portait que le testateur avait par le monde un fils à qui appartenaient tous les biens qu'il laissait; en cas qu'il reparût, ils lui seraient remis; et, dans le cas contraire, ils resteraient entre les mains de Blanchefort, fils du subrogé tuteur que de Créqui avait donné à cet enfant dans sa jeunesse.

6°. — Services militaires du fils de Louis XV.

Depuis l'époque où le fils de Louis XV s'était soustrait au despotisme de sa marâtre, en allant servir en Pologne, et puis en Silésie, Blanchefort avait dû tellement s'identifier avec l'espoir d'être l'héritier d'Alphonse de Créqui, qu'il lui fut facile de se faire passer pour son fils; et il ne se gêna pas, à la mort du testateur, pour en usurper le nom sans conteste.

7°. — Apparition inattendue.

Aussi l'apparition du vrai héritier d'Alphonse de Créqui dut être, pour Blanchefort, une apparition foudroyante et capable de bouleverser, dans sa tête, toutes les idées d'humanité et de devoir. Il était alors à Versailles, attaché à la maison de Monsieur. Cet autre aigrefin, qui se préparait à conspirer contre son frère aîné, plus tard Louis XVI, ne pouvait manquer de choisir cette occasion de se faire un ami dévoué de cette créature pour un peu plus tard.

8°. — Perfide triomphe de Blanchefort.

Blanchefort n'hésita donc pas à crier à l'imposteur, au faussaire, à l'aventurier; et dès la première demande de restitution de ses biens que le fils de Louis XV lui adressa, devant la prévôté, l'héritier usurpateur d'Alphonse de Créqui, Blanchefort, n'hésita pas de conclure à son arrestation; ce qui fut exécuté; et en entrant dans la prison, il fut de plus dépouillé de tous ses titres qui furent livrés à Blanchefort, sous prétexte d'examen.

9°. — Reconnaissance du fils de Louis XV, héritier de la dot de sa mère.

Mais, comme par un coup du ciel, le fils de Louis XV put se procurer la copie du testament d'Alphonse de Créqui qui portait le signalement de son fils putatif, y compris la marque distinctive qu'il avait à la cuisse droite (du *créquier à sept branches*). Sur ces signes, force fut de le relâcher, sans forme de procès, mais aussi sans que le juge voulût consentir, crainte de se compromettre, à motiver, par un jugement régulier, sa mise en liberté; notre infortunée victime du sort fut jetée à la porte de la prison, sous le nom de Créqui, comme elle y était entrée.

Blanchefort, se voyant légalement condamné, s'excusa auprès de celui dont il avait usurpé la fortune et le titre; simple ruse pour préparer une nouvelle perfidie! ce qui ne tarda pas.

10°. — Nouvelle perfidie de Blanchefort.

L'inique injustice qui conduisit, avec un appareil si féroce, l'infortuné Lally (*) au supplice, quoique exécutée le 9 mai 1766, étant encore dans son paroxysme d'ingratitude en 1773, au milieu d'une cour si corrompue, on profita de ce mouvement de l'opinion presque publique pour accuser le malheureux fils de Louis XV d'avoir été le complice de Lally; mais il lui fut facile de prouver que c'était là une insigne calomnie de fait, n'ayant jamais abandonné l'Europe.

11°. — Mort de Louis XV son père et du prince des Deux-Ponts son parrain; il faut de nouveau s'éloigner.

Le roi Louis XV meurt le 10 mai 1774; le parrain de son fils, le prince des Deux-Ponts, le suit de près.

(*) On sait aujourd'hui que le gain de la bataille de Fontenoy est entièrement dû à la présence d'esprit de l'infortuné Lally, et que sa conduite dans l'Inde fut exempte de tout reproche. Voltaire, à son lit de mort, bénit le nouveau roi de l'avoir réhabilité; que ce roi ne fût-il, plus tard, resté fidèle à cette mourante bénédiction!

Force fut de s'éloigner de ses cruels ennemis rendus acharnés par l'avidité pécuniaire ; ce qui l'obligea de passer en Pologne pour y servir dans l'armée ; et de là il revint vers 1781 en Silésie, où il trouva à protéger son existence nomade, en épousant la demoiselle de Goudin-Balanzac. Ce mariage fut rompu, le 16 juin 1791, par le divorce qui eut lieu, d'un commun consentement, à Wohlan (basse Silésie, où le divorce était permis) ; mais au moyen d'une pension de 120 roubles d'or (600 francs de notre monnaie actuelle, ce qui, à cette époque, valait le double d'aujourd'hui), que le fils de Louis XV s'engagea à payer à ladite Goudin-Balanzac. Ce n'était pas là, il est vrai, une pension princière ; mais on n'osait pas se dire un prince tout à fait ; il fallait lutter pour arriver à être reconnu ; et d'un autre côté, il ne manquait pas à Stettin de créanciers, obérés eux-mêmes, à force d'avoir été charitables et patients.

On comprendra d'avance le motif forcé de divorce d'après ce que nous dirons plus bas : le pauvre mutilé avait trop présumé de ses forces conjugales.

12°. — Reconnu par Louis XV, défense de s'en prévaloir.

C'est là en partie l'histoire de ses persécutions ; Louis XV l'avait reconnu et légitimé sur la fin de sa vie, en mars 1774, deux mois avant sa mort ; il lui avait assuré un apanage de 300,000 livres de pension. Mais Louis XVI, assisté de tous les membres de la famille royale, même la princesse de Montmorency-Luxembourg (c'est-à-dire, de la réunion de ses parents des deux côtés) et de ses ministres, qui n'avaient pas hésité à le reconnaître en 1782 comme fils du roi, lui intimèrent, sous peine de la vie ou de la liberté, de ne réclamer ses droits et biens que sous le nom de Créqui.

13°. — Horreurs royales.

Un peu plus tard, ils se liguèrent tous ensemble, pour le faire enfermer, en Prusse, où ils l'avaient surpris, et cela dans un cachot ignoble, où il vécut chargé de chaînes du poids de soixante livres, réduit à faire sous lui, n'ayant qu'un peu de paille pour lit et pour vêtements, sans feu et sans lumière, nourri avec du pain noir, des fèves, des pois et des haricots cuits à l'eau pure et sans assaisonnement.

La famille royale payait à la Prusse une pension de 600 livres pour un tel service et en outre le coût d'une garde de neuf soldats et un officier, pour empêcher le captif de s'échapper et de communiquer avec personne autre que ses bourreaux.

La Prusse ne s'était prêtée à un tel forfait, que comme ayant entre ses mains un inconnu chargé de crimes imaginaires. Auparavant, ils étaient arrivés à s'emparer de tous ses papiers; vers 1770, il fut mis à la Bastille, où Blanchefort avait donné l'ordre de lui trancher la tête entre deux guichets.

En 1774, à Versailles, le même Blanchefort, muni

— 84 —

d'un ordre du ministre et assisté d'un chirurgien, lui fit ouvrir les quatre veines, recommandation que le brave chirurgien ne voulut exécuter qu'à moitié, ce qui le sauva et lui permit de s'éloigner de France, une fois que le juge de la prévôté eut ordonné sa mise en liberté.

Plus tard, en 1782, pensant que ses ennemis seraient moins puissants, il revint en France, et il les trouva encore plus féroces ; ils s'emparèrent de nouveau de sa personne et le mutilèrent dans ses parties nobles, après lui avoir donné un breuvage destiné, croyaient-ils (ou feignaient-ils de croire) à le frapper ainsi de stérilité ; et tout en le tenant garrotté, ils lui posèrent un appareil d'or au-dessous du gland et autour des bourses : et ces braves gens se vantaient d'être de bons chrétiens !

14°. — Les magistrats prussiens se révoltent contre de pareilles turpitudes.

Mais les méchants ne réussissent pas toujours dans leurs infâmes projets ; il faut bien que tôt ou tard l'humanité trouve un joint pour faire un jour à l'infamie ; les juges de Stettin ne manquèrent pas de se révolter contre tant d'indignités, et de faire connaître à cette victime des rois de France, la révolution qui venait d'éclater contre les auteurs de ces désordres révoltants.

15°. — L'Assemblée nationale obtient sa liberté.

L'Assemblée nationale, à la date du 1ᵉʳ mars 1791, obtint du roi et de ses ministres l'ordre de mettre le fils de Louis XV en liberté. Il revint en France, tout malade et mutilé, remercier l'Assemblée nationale du bienfait qu'il tenait d'elle seule; l'Assemblée nationale lui fit les honneurs de la séance, le 9 novembre 1791; il avait alors cinquante-quatre ans; il en avait passé une grande partie dans une quarantaine de prisons ou forteresses, sous le règne de nos bons rois.

Il avait profité des premiers moments de sa liberté pour s'entourer des témoignages des magistrats de la Silésie, des chirurgiens de Paris. Il y ajouta sa correspondance avec le roi et ses ministres, afin que personne n'eût l'idée de contester les preuves de son identité. Nous avons sous les yeux le mémoire qu'il adressa à l'auguste Assemblée, laquelle ne laissait pas que de renfermer encore une grande partie des anciens ennemis de ce pauvre martyr.

16°. — Refus de la cour de Louis XVI.

Dès le 10 d'octobre 1791, il commence à s'adresser, pour obtenir une audience du roi Louis XVI (son neveu à la mode de Bretagne), à Thiéry, valet de chambre du roi; celui-là le renvoie à M. de la Porte, intendant de Sa Majesté; celui-ci l'adresse à M. de Josselin, intendant de la maison de la reine, ou bien à M. de Lessart, ministre de l'intérieur; les uns et les autres lui déclarent que l'affaire revenait de droit à M. de Montmorin, vu que cette affaire était une affaire d'État; Montmorin promet d'en parler au roi et à la reine et renvoie le fils de Louis XV à M. de Josselin; M. de Josselin lui répond enfin, au nom du roi et de la reine, que la cour ne pouvait guère avoir égard à ses demandes provisoires de secours urgents, vu qu'ayant été obligée d'envoyer plus de 18 millions pour le soutien des tantes, frères et de plusieurs milliers des meilleurs affidés du roi, ce qui obligeait le roi à chercher de l'argent et à en emprunter, au prix de 40 à 50 p. 0/0, on avait le regret de l'inviter à s'adresser à l'Assemblée nationale qui s'était emparée de tous les biens des émigrés, en lui assurant que l'Assemblée ne manquerait pas de lui faire rendre justice.

La lettre adressée le 10 octobre 1791 à Sa Majesté est écrite en termes les plus respectueux; il s'y justifie de l'accusation d'avoir voulu attenter à la vie du roi, en promettant de lui révéler une occasion où il lui a sauvé la vie.

Le 18 octobre 1791, il en écrit une autre de ce genre dans laquelle il implore du roi le plus minime secours, lui déclarant qu'il se trouve dans la cruelle et honteuse nécessité d'emprunter de quoi subsister à ses propres serviteurs. Tous ces cris de l'indigence d'un fils de roi restent sans réponse de la part de cet excellent roi.

Le 21 octobre 1791, il s'adresse à M. de Montmorin pour le faire revenir de la haine qui l'avait porté à le sacrifier aux persécutions iniques et intéressées de Blanchefort ; car ils auront à comparaître tous les deux, lui victime et M. de Montmorin persécuteur, devant l'inexorable postérité.

Trois lettres consécutives sont adressées, les 14, 18 et 25 octobre suivants, à M. de Lessart.

Le 29 octobre 1791, il provoque Blanchefort à comparaître avec lui devant le roi ou ses ministres ; mais le grand coupable n'était plus en France ; car, ainsi que son maître, Monsieur, il complotait contre la France dans les rangs des émigrés, en Prusse, à Schonburusust, et il se garda bien d'accepter cette assignation.

A toutes ces réclamations, il est fait par ci par là quelques réponses fort brèves, aussi brèves que les anciennes lettres de cachet dont la cour venait de perdre le privilége ; c'est ainsi que le 25 octobre 1791 M. de Lessart lui répond :

« M. de Lessart aura l'honneur de recevoir M. Alexandre de Créqui, demain matin dimanche, sur les trois heures. »

Le 20 octobre, M. de Josselin lui fait parvenir le billet suivant, sans date :

« Le placet présenté au roi par le sieur Alexandre de Créqui a été renvoyé, par Sa Majesté, à M. de la Porte, intendant de la liste civile, le 20 octobre. »

Muni du billet de M. de Josselin, notre pauvre martyr se rend chez M. de la Porte, chaque jour, plutôt deux fois qu'une, jusqu'au 31 octobre. Mais M. de la Porte fut chaque fois invisible, tantôt à la campagne, tantôt malade, quoique les sentinelles assurassent qu'il était bien portant chez lui.

Le plus fourbe de tous ces malheureux ministres, ce fut bien ce de Montmorin, qui après avoir parfaitement écrit l'adresse de Créqui, né Bourbon-Montmorency, hôtel Royal de la Marine, rue de Richelieu, n° 74, en date du 31 octobre, affectait de faire parvenir cette réponse à Besuchet, aventurier qui se faisait passer impunément pour être un membre de la famille de Créqui.

Dans cette réponse, il dit que les réclamations contre la famille de Créqui sont complétement étrangères à son département, que ses sujets de plainte sont antérieurs à son entrée au ministère, qu'il n'a eu à s'occuper, lui, du plaignant que pour lui procurer la liberté, sur l'ordre de la Commune de Paris.

La plus tardive de ces réponses (elle est du 8 août 1791) lui vint des frères émigrés du roi; elle est conçue de la manière suivante :

« Le comte d'Avaray a l'honneur de faire ses compliments à M. le comte de Créqui-Montmorency, abbé de Ruisseauville; il a remis sa lettre à Monsieur, qui est au désespoir de ne pouvoir lui donner qu'un témoignage d'intérêt. *Schonburuslust*, 8 août 1791. »

Réponse bien tardive et digne d'un prince qui a dû prendre part à tous les crimes de la bête féroce qui avait nom de Blanchefort.

Ils avaient bonne mémoire, ces princes! le mot d'abbé de Ruisseauville remonte à l'année 1757, époque où le père putatif de Créqui avait décidé de le faire moine, abbé de ce couvent.

17°. — D'où viennent au fils de Louis XV les secours et les consolations.

De cet oubli de ses neveux, le fils de Louis XV avait le droit de se consoler par les nombreux actes de sympathie qui lui arrivaient de la part des membres de l'Assemblée nationale.

Brissot de Varville lui écrivait : « Je suis aux ordres de M. Montmorency demain matin, vendredi, avant 9 heures du matin ; car je suis obligé d'être à l'Assemblée nationale à cette heure. »

L'évêque constitutionnel de Lyon, Adrien Lamourette, membre si connu de l'Assemblée, lui disait, dans une lettre d'une page, le 9 novembre 1791 : « Monsieur, j'ai l'honneur de vous renvoyer votre précis que j'ai relu avec un nouvel intérêt : vos malheurs, en vous rendant plus précieux aux yeux de l'humanité et plus cher à toutes les âmes sensibles, vont devenir une attestation bien éclatante de la nécessité de la grande révolution qui nous délivre de tant d'oppressions féroces de l'innocence. »

M. de Vaublanc, président, ce mois-là, de l'Assemblée nationale, lui annonce, avec la plus vive bienveillance, que l'Assemblée nationale avait arrêté qu'il serait reçu à sa barre le dimanche suivant ; il l'invite en même temps à venir le trouver le vendredi matin pour s'entendre avec lui sur le projet d'adresse dont il lui avait parlé.

18°. — Les ennemis du fils de Louis XV serrent leurs rangs.

Devant une sympathie presque universelle, les nombreux ennemis que de Créqui avait encore dans l'Assemblée nationale, un instant confondus, sentaient la nécessité de serrer leurs rangs, afin de multiplier les piéges à tendre sous les pas de ce jouet de la fortune et de la barbarie innée qui s'attache à la royauté. Ils savaient bien que la faim, qui fait sortir le loup du bois, peut faire sortir l'homme le plus prudent des bornes de la patience.

Une Assemblée s'apitoie facilement sur le sort des malheureux; mais la bourse s'ouvre bien difficilement devant leur misère.

19°. — La misère monte au cerveau.

Les républicains de l'Assemblée avaient beau inviter le martyr de la faim à attendre la Législature qui allait dégager l'Assemblée nationale de tous les restes de la royauté qui grouillaient parmi eux; le fils de Louis XV lutta tant qu'il put contre la faim ; mais la Législature s'était ouverte le samedi 1ᵉʳ octobre 1791.

Nous étions arrivés au 1ᵉʳ février 1792 ! Quatre mois d'attente pour un homme qui a faim, c'est plus qu'un siècle de souffrance; ici commence le délire de la faim qui accoucha d'une folie :

Dans la séance du mardi soir (1ᵉʳ février 1792)

M. Guadet, président de LA PREMIÈRE LÉGISLATURE, fait part à l'Assemblée que CE MATIN, à son entrée dans la salle, il avait vu M. Bourbon-Montmorency, accompagné d'une soixantaine de personnes; que celui-ci lui avait remis une pétition et demandé une tribune pour les personnes qui l'accompagnaient. « Je lui ai répondu que je ne pouvais en disposer. » Sa première lettre paraissait avoir le caractère du délire; il en écrivit plusieurs autres du même genre et sur le même ton. « Je crois, ajouta M. Guadet, devoir faire lire ces lettres devant l'Assemblée. »

Un de MM. les secrétaires se charge de ce soin :

Dans la première lettre l'auteur rappelle que, le 13 novembre 1791, il a fait à l'Assemblée nationale le récit de ses malheurs; l'Assemblée, ajoute-t-il, en fut émue. Des pièces authentiques et plus de soixante témoins déposèrent sur les circonstances de ses détentions.

Il prie donc la Législature de lui donner, au moins provisoirement, de quoi subsister, et de ne plus le renvoyer inutilement de comité en comité. « L'Assemblée constituante ne m'aura-t-elle tiré de mon cachot que pour me laisser mourir de faim? Je voulais dimanche dernier, à la barre, donner lecture de mes papiers; mais ils me furent escamotés; car je suis continuellement entouré par des espions ministériels, par des agents de la cabale, qui me ruinent, sous le voile de l'amitié, et me donnent les plus mauvais conseils. »

Il promet, à la fin de cette lettre, de n'agir qu'avec le sentiment de respect qu'il professe pour l'illustre

Assemblée, et il répond du calme dans lequel procéderont les honorables citoyens qui l'accompagnent pour le protéger.

Mais, dans la suivante, il a le malheur de sortir complétement de cette attitude et il tombe dans une espèce de délire, en menaçant l'Assemblée de faire pendre (en effigie seulement) tous les membres qui s'opposeront à cet acte de justice, et d'envoyer dans les départements des inscriptions indiquant leurs noms et leur demeure.

20°. — L'Assemblée excuse le délire.

A ces derniers mots un membre de l'Assemblée s'écrie : « Il faut envoyer l'auteur de ces lettres devant la police correctionnelle. » Le *Moniteur* n'indique pas le nom du membre qui a proféré cette exclamation.

M. VAUBLANC, que nous avons cité plus haut, s'élève contre cette odieuse prétention : « Voilà déjà deux mois que l'auteur a présenté à l'Assemblée nationale les preuves de ses tortures et de sa hideuse détention en Prusse, d'où l'Assemblée nationale l'a fait retirer ; je demande que le comité auquel son affaire a été renvoyée se hâte de faire son rapport. »

A M. VAUBLANC succède M. GRANGENEUVE, qui finit par conclure à l'ordre du jour sur la proposition du membre inconnu ; et l'Assemblée, sentant bien d'où pouvait venir l'interruption, passe à l'ordre du jour.

— 93 —

21º. — Souscription insérée dans le Moniteur pour faire l'aumône au dernier fils d'un roi.

Nous étions arrivés au 10 juillet 1792, et le comité n'avait pas encore fait son rapport.

Le pauvre Bourbon-Montmorency se vit contraint d'indiquer dans les *journaux*, y compris le *Moniteur*, une souscription, sous forme d'emprunt, en sa faveur, et de tendre ainsi la main à l'opinion publique.

[22º. — La révolution se termine en sens contraire.

Nous approchions du 10 août, journée bien voisine de celle où fut prononcée la déchéance de la royauté et par conséquent de tous les droits découlant de la royauté; on était de plus en plus malvenu à faire valoir ses droits quelconques à quelque seigneurie.

23º. — Le fils de Louis XV prend le titre de citoyen.

Cependant il paraît que ce rejeton si malheureux d'un roi dut obtenir une série de secours indépendants de tous ces moyens; car nous voyons que, dès le 14 juin 1793, on lit, à la Convention, une lettre du citoyen Créqui-Montmorency, qui offre à la patrie une somme de 50 livres, pour les frais de la guerre, et qui demande qu'on fasse le procès à la reine et qu'on donne un gouverneur à son fils, demande qui mit en jeu toutes les rouéries et calomnies de ses ennemis passés.

Il signala, le 14 juillet 1793, à la Convention cette sourde conspiration des aristocrates qui dénaturaient de toutes parts ses intentions républicaines les mieux caractérisées.

24º. — Le fils de Louis XV monte à l'échafaud trois jours avant Robespierre.

Mais dès que la terreur fut à l'ordre du jour, le fils de Louis XV, tout converti qu'il fût par le malheur aux idées de la liberté, fut jeté dans les prisons, et condamné à mort, le 7 thermidor 1794, comme ex-noble, à l'occasion d'une insurrection dans la maison de Saint-Lazare.

C'était l'époque où tant de républicains étaient incarcérés ou montaient à l'échafaud, sur lequel pas un seul jésuite n'est monté.

Trois jours plus tard, il eût été sauvé; hideuse peine de mort! qui frappe aujourd'hui ce qu'elle couronnerait demain.

25º. — Explication de cette infâme énigme de la royauté.

Ce fait monstrueux de l'histoire de la royauté, trois fois déchue depuis quatre-vingts ans, et qui fait aujourd'hui encore de si sanglants efforts pour se redresser parmi nous, ce fait, dis-je, est le triste pendant de celui que j'ai raconté dans *l'Almanach* pour 1869, n° XXI, page 146.

Ce dernier, il faut le rejeter sur la barbarie inouïe d'une illustre mère tremblant pour son propre honneur ; elle sacrifia à cette apparence la vie du père, et l'avenir brillant de la pauvre enfant ; c'est pour de telles créatures que l'imagination des hommes a créé la fable des enfers, en punition des crimes qui, sur la terre, échappent à la vengeance légale.

Mais des crimes multiples que la royauté a entassés sur la tête du fils de Louis XV, quel était donc le motif ? Serait-ce pour effacer l'empreinte de la bâtardise ? Est-ce que la bâtardise est une tache pour les grands comme elle l'est pour le menu peuple ; et le blason ne lui a-t-il pas consacré un signe qui la réhabilite sur l'écusson de ses armoiries ? Et que de bâtards heureux depuis de Morny et son frère !

Il y avait plus à effacer en cette circonstance ! il ne s'agissait plus d'un bâtard à honorer d'une barre sur son blason, mais d'un nouveau venu dont la royauté de Louis XVI ne pouvait reconnaître les titres incontestables, sans descendre du trône pour prendre elle-même le rôle de bâtard royal ; vous allez en juger :

Un an avant sa majorité, en 1722, Louis XV avait contracté mariage avec Mlle de Montmorency, en face de témoins ; il avait renouvelé le même serment après sa majorité, et, pendant l'espace de treize ans, sa fidélité à cette épouse aimante et fidèle ne s'était pas démentie. La politique vint renverser tout cet échafaudage si solidement établi ; et, sur l'injonction de son précepteur le cardinal de Fleury, le jeune roi affuble le sieur de Créqui de tous ses droits sur sa moitié la duchesse de Montmorency, et sur le fruit de ses œuvres, et il épouse, à la place, mais en public, la princesse Leczinska, fille de l'ex-roi de Pologne, épouse dont la dévotion le rendit heureux pour bien moins de temps. Ce que voyant, son excellent instituteur, devenu son ministre, se concerta avec le jeune Richelieu pour lui donner en remplacement une maîtresse, Mme de Mailly; l'histoire certifie le fait.

Tout cela s'arrange fort bien quand on est roi, mais fort mal devant la postérité !

Car devant ce haut tribunal de l'égalité humaine, Louis XV était légalement l'époux de Mlle de Montmorency et le père de l'enfant qu'elle portait dans ses entrailles. En effet, le roi n'est pas un homme comme un autre ; un acte de sa part est toujours acte de la souveraineté ; il est le maire de tous les maires ; il est son maire à lui ; car un mot de sa bouche suffit, et sans le concours d'aucun maire, pour légitimer le premier bâtard venu qui se présente à sa faveur ; à plus forte raison, quand un prince naît d'une femme qui a contracté avec lui un contrat de mariage, si secret que l'acte ait été tenu ; Mlle de Montmorency était donc épouse légitime et reine, longtemps avant la princesse Leczinska : le serment du roi, elle le portait dans un acte autographe.

En épousant la princesse Leczinska, Louis XV était coupable d'un acte de bigamie, acte que la loi a toujours puni si sévèrement, sous le règne de nos rois, quand il était commis par un particulier, et que les papes se contentaient de délier par une bulle, lorsqu'il s'agissait d'un roi.

La princesse Leczinska était donc arrivée trop tard pour être épouse légitime, et le dauphin n'était qu'un bâtard de plus à marquer sur son blason du signe de ce genre. Le vrai successeur de Louis XV c'était, devant la loi du royaume, le pauvre sire qu'il eut la lâcheté de faire emmaillotter sous le nom de Créqui.

Vous concevez de cette manière l'accord de tous ces impotents (moins un seul) qui composaient la cour de France, pour défendre au légitime héritier de Louis XV de se dire son fils, le soin qu'ils prenaient, en toute occasion, de lui escamoter la masse de titres qui étaient en sa possession, et la haute protection que les ministres accordaient à cet indigne Blanchefort, pour faire subir, à ce brave innocent, toutes les tortures renouvelées du moyen âge. Honneur à l'humanité de l'Assemblée nationale, qui a mis fin à tant d'horreurs et qui a tenté, pour si peu de temps que ce soit, de restituer à ce fils de roi les avantages et la liberté du CITOYEN FRANÇAIS !

Malheureux MASQUE DE FER, la RAISON D'ÉTAT de Mazarin ton père et de Louis XIV ton puîné, a été plus légère pour toi; la surveillance inexorable de tes geôliers te respectait du moins, bien loin de te mutiler!

La royauté issue de Mazarin avait fini par combler la mesure du vice et de la dégradation.

Nº XV.

ISTHME DE SUEZ

Dans l'*Almanach* pour 1870, page 95, nous avions prédit que l'ouverture de ce canal donnerait tout d'abord lieu à un grand bouleversement de la masse des eaux; car nous démontrions que, la Méditerranée n'étant pas une mer, mais le lac d'un fleuve, prenant sa source à celle du Dnieper, sa surface, à la hauteur de l'ouverture du canal de Suez, devait être beaucoup plus élevée que celle de la mer Rouge, qui était une mer; qu'en conséquence la Méditerranée devait entrer dans la mer Rouge avec une violence capable de produire les plus grands ravages, surtout les jours de hautes marées, et cela devait durer jusqu'à ce que les deux niveaux fussent arrivés à l'égalité. Nécessairement un tel bouleversement devait entraîner des ensablements terribles, mais réparables au moyen de la drague.

L'événement a confirmé ma prévision; car voici l'annonce télégraphique arrivée à Paris, le 25 novembre 1869 (notre note était signée du 12 août 1869). Nous transcrivons cette annonce telle qu'elle se trouve dans l'*Opinion Nationale* :

« On lisait hier dans *le Gaulois* :

« Sous prétexte de venir d'Égypte, les dépêches
« du Caire ne sont que des hiéroglyphes à peu près
« incompréhensibles.

« Voici celle que nous avons reçue hier :
« *Paris Caire* 1107 30 22 | 50 sr = *Estor* 13. R.
« *Helder, Paris.*

« *Peluse abordé par corvette janglaise avaries ami-*
« *cal Paris Provoque capitaine anglaise échove deux*
« *hommes tombe canal navigation vutuse impossible*
« *avant longtemps et argent déception.* »

« Voici comment nous avons déchiffré ce rébus :
« *La* Peluse *a été abordée par une corvette anglaise*
« *et avariée. L'amiral français Paris provoque l'ami-*
« *ral anglais qui a échoué. Deux hommes sont tombés*
« *dans le canal. La navigation sérieuse est impossible*
« *avant longtemps et les actionnaires éprouvent une*
« *grande déception.* »

« Que ceux de nos lecteurs qui trouveraient mieux
« nous fassent parvenir leur solution. » (*Opinion nationale*, 25 novembre 1869.)

Dans le même numéro, à l'article Bourse, on lisait :

« Actions de l'isthme de Suez, baisse 23 fr. — 355 fr.
dernier cours.

« Il faut lire toutes les dépêches.

« Aujourd'hui, dans son article Bourse, le *Gaulois* compare l'affaire de Suez à l'expédition du Mexique. Il paraît décidément, suivant lui, que c'est un désastre.

« D'un autre côté, nous lisons dans le *Journal officiel* d'hier :

« Le yacht impérial l'*Aigle*, portant l'impératrice,
« est parti de Suez hier pour remonter le canal et
« regagner la Méditerranée. Tous les bâtiments de

— 100 —

« la flotte d'inauguration, auxquels s'était jointe la
« frégate hollandaise le *Curaçao*, venant de Java, à
« destination des Pays-Bas, escortaient le yacht im-
« périal. En sept heures et demie, le trajet de Suez
« à Ismaïlia s'est effectué dans les meilleures condi-
« tions. *L'Aigle* a mouillé hier au soir dans les eaux
« du lac Timsah et a poursuivi sa marche ce matin.
  « Le succès de l'inauguration est complet. »

  « Est-ce le *Journal officiel* qui trompe ses lecteurs en leur cachant ce fameux abordage et *l'im-
possibilité de la navigation sérieuse?*

  « Ou bien y a-t-il quelqu'un, au *Gaulois*, qui spé-
cule à la baisse sur les actions de Suez?

  « Devine si tu peux, et choisis si tu l'oses. »

Nº XVI.

ÉCOLE DE MORALE

ÉTABLIE A COMPIÈGNE,

SOUS LE RÈGNE DÉCHU.

Nous extrayons, sans trop de commentaires, des journaux de l'époque (17 décembre 1868), l'article suivant :

« Le *Palais* raconte deux petits faits qu'il livre aux commentaires des Dangeaux futurs : le premier, avouons-le, a de petits airs invraisemblables (Le *Figaro*, 7 décembre 1868) :

« On nous affirme que les dames qui sont invitées
« aux fêtes de Compiègne ne peuvent jouir d'une sem-
« blable distinction qu'à la condition de justifier de la
« possession d'un certain trousseau, en nature, de
« robes, linges et accessoires.

« Mais, ce qu'il y a de plus particulier encore, c'est
« que chacune de ces dames est obligée de se pour-
« voir de cheveux fournis par le coiffeur de la Cour.
« Chacune d'elles trouve là un paquet renfermant des
« cheveux de différentes couleurs dont le prix est
« fixé à 150 francs.

« Je ne vois par contre aucune raison de douter de
« l'authenticité d'un jeu innocent qui fait les beaux
« jours de la résidence impériale :

7.

« On fait choix d'un pavillon perdu à travers les
« sentiers capricieux de la forêt, et qui doit servir de
« lieu de rendez-vous pour les invités. Des domestiques
« sont chargés de semer le long des différents che-
« mins qui mènent à ce pavillon, non pas des cailloux,
« comme le Petit Poucet, mais de petits morceaux de
« papier.

« Comme on ne peut arriver au but qu'en les re-
« trouvant le long du chemin, il en résulte qu'on
« cherche, qu'on s'égare, et les retardataires sont ac-
« cueillis par de joyeux éclats de rire, surtout quand
« ils arrivent par couples...

« Dans tout cela, le sort du gibier m'attriste vive-
« ment.

« On calcule que plus de huit mille pièces, à poil et
« à plume, ont été abattues pendant la villégiature im-
« périale.

« Le gibier est plus malheureux encore que le jour-
« nalisme sous le régime actuel. Consolons-nous. »

Excellents exemples propagés par le fils de la reine Hortense, parmi ces dames et ces messieurs! c'est à une si noble école que se sont formés à l'art de la guerre les héros de Sedan et leur illustre chef.

Je pense bien que le pieux jésuite, le Père Lachaise de l'illustre impératrice (Mlle Montijo), devait, en compagnie de son aide-major, M. le docteur Ricord, être au nombre des invités de Compiègne, afin de pouvoir donner, dans l'occasion, l'absolution pleine et entière à de pareilles peccadilles.

※

N° XVII.

LE SOLEIL

CRÉATEUR
DE TOUT CE QUI VÉGÈTE
SUR LA TERRE.

HYPOTHÈSE.

1° Supposons un instant que le soleil s'éteigne et que le monde reste plongé dans le chaos des ténèbres.

Je ne m'arrêterai pas à vous dire, dès à présent, que la terre et les planètes, voire même les comètes, cesseront tout à coup leurs évolutions si majestueusement concentriques ou en spirales. Elles s'agiteront en désordre et comme cherchant, dans un pêle-mêle capable de les briser en se heurtant, un autre genre d'attraction qui les domine et les remette en ordre ; vaste confusion dans l'univers.

Ces hautes considérations ne sont que des accessoires aux détails qui concernent la terre ; la question est encore assez vaste sous ce rapport.

2° Donc, à la suite de cet événement, tout développement s'arrête tout à coup : car il faut bien admettre que, sans l'action du soleil, qu'il soit sur nos têtes ou sous nos pieds, toute respiration cesse, c'est-à-dire toute organisation de la cellule ; rien en effet ne s'organise sans la présence entière ou cachée de ce grand astre; la cellule vitale, en effet, est un composé de carbone, d'hydrogène et d'oxigène manipulé, comme avec la main du potier, par le calorique du soleil, qui enveloppe de sa lumière, et cela continuellement, notre terre.

3° Le calorique venant à manquer tout à coup à l'organisation, le carbone se sépare d'abord de l'hydrogène et de l'eau; le carbone noircit d'abord et devient, par la compression qui augmente entre ses molécules, et par leur association de plus en plus compacte, un diamant scintillant.

L'hydrogène et l'oxigène, de la même manière, prennent les densités des corps les plus pesants de la minéralogie actuelle, d'abord celle de l'eau, puis celle de la glace, puis celle du plomb, du platine, etc., à mesure que les molécules de calorique ne lui arrivent plus; et la terre finit par n'être plus qu'un grand cristal de même nature, de même aspect, de même densité.

4° Dès ce moment, plus d'organisation humaine, pas même de cadavres, plus de traces d'animaux, plus de végétation, plus même de cellule de mousse, si fine qu'elle soit; plus d'hommes à tuer par des imbéciles et cela faute d'imbéciles; plus de noms à porter, dentelles, croix, mitres ou panaches, faute de colifichets à agiter et d'imbéciles pour s'en croire porteurs. Tout en une seule chose; le soleil manquant pour animer ces millions de milliards de formes éblouissantes ; plus personne à faire souffrir et torturer pour satisfaire l'orgueil de ceux qui en vivent, avocats, procureurs, plus la pompe des juges, de quelque nom qu'ils s'appellent : hobereaux, rois ou empereurs... Toute gloire s'est fondue en un seul cristal, qui n'est plus même digne de porter le nom de glace ; car il est quelque chose de pire et cent mille fois plus lourd.

Que devient l'âme ?

5° Mais mon âme, me direz-vous, qu'est-elle devenue ? Le soleil l'a emportée avec lui, dans toute son impondérabilité et dans son intelligence, qui n'est que le mouvement se remettant en ordre.

Retour du soleil.

6° Mais le soleil reprend sa place ; ou plutôt la terre, les planètes et les comètes retrouvent un autre soleil sur leur route ; et dès ce moment la création recommence..... par ce que nous appelons les infiniment petits.

Dès ce moment, l'âme du calorique s'associe avec le carbone, l'oxigène et l'hydrogène que cette âme a dégagés sous leur première forme ; ce qui demande un certain temps, selon la distance que prend chaque planète, dans ce nouveau tout, par rapport au soleil. Et dès que ce dégagement a lieu, en même temps les sels fondent et se combinent pour former le cinquième élément, la terre se couvre de vésicules organisées et propres à se reproduire.

Baiser de deux cellules.

7° Pour cela, il en faut de deux espèces : une formée e jour et la plus puissante, et l'autre la nuit et la plus faible. Ces deux vésicules se rencontrent au hasard, elles s'attirent avec un incommensurable entraînement; baiser d'amour qui crée son semblable ; et le progrès se forme à chaque génération nouvelle.

Ce baiser est-il intelligent? — Pourquoi donc pas? — Parce qu'il ne se traduit pas en hexamètres intelligibles? — Mais ces hexamètres vous ne les entendez pas; vous en êtes trop loin. Supposez que l'homme et la femme se rapprochent de cette manière à une distance accessible seulement à la puissance visuelle du télescope, lequel permette à l'œil de voir, mais non à l'ouïe d'entendre ; soutiendrez-vous que le baiser qu'ils se donnent ait été tout machinal, sans amour et sans intelligence? Non sans doute, parce qu'une autre fois vous aurez assisté de plus près à cette scène ou que vous l'aurez accomplie dans le secret et loin de témoins importuns.

Voilà toute la différence ; vous êtes trop loin de ce que vous voyez sur ces deux rameaux de conferves, qui se sont attirées l'une contre l'autre, pour satisfaire un besoin commun d'amour créateur et animé. Ils ont procédé de même que vous, ils ont éprouvé le même sentiment que vous ; l'amour les a unis, et la création commence sous l'influence du même SOLEIL. Je vous dirai plus bas le mécanisme de cette organisation ; mais j'ajoute, en attendant, un autre genre de cette influence souveraine, influence solaire, sans laquelle les amas les plus considérables de carbone, d'oxigène, d'hydrogène et de sels terrestres resteraient immobiles dans leur cristallisation :

C'est que plus ce baiser d'amour sera animé d'une dose plus forte de lumière solaire, et plus la taille de son produit, c'est-à-dire, de la cellule (son fils ou sa fille), sera riche et forte, dans sa ligne de progrès :

Transportez la cellule créée sous la zone torride, elle aura la plénitude de son accroissement progressif ; plus vous vous éloignerez de cette latitude et vous rapprocherez des deux pôles, et plus le produit sera moindre dans sa puissance d'organisation et par conséquent dans sa force ; de telle façon que, vers l'île Melville, la nature organisée ne dépasse pas en hauteur la taille d'un gazon de lichen.

Dans l'une des deux zones le soleil fournit à la cellule plus de molécules de lumière que dans l'autre.

SOLEIL CRÉATEUR ! tu as marqué ainsi à chaque degré de latitude la dose correspondante de ta puissance d'organisation.

8° Maintenant que les cellules reproductrices mettent au jour, par leur accouplement binaire, des pro-

ductions doubles, triples, quadruples, quintuples....
et centuples, etc., c'est ce que la loi du progrès exécutera à chaque cran nouveau de la chaîne des temps; et chaque cran de cette chaîne se nommera un siècle, ou une division quelconque du siècle, selon la portée de l'œil observateur, c'est-à-dire selon la durée de sa vie.

Ensuite la création continue avec la multiplicité de ses formes, dont le moule n'est jamais arrêté; car ce moule est la loi du progrès, qui emporte avec elle l'immense respect à l'humanité, envers l'auteur de ses jours.

Gloire éternelle à cet enchaînement d'existences, dont la dernière venue ne conserve plus la moindre trace de sa première origine.

Expériences.

9° Je reviens sur mes pas et reprends la thèse de l'intelligence, pour tout ce que le soleil a organisé, sous forme de cellule. L'intelligence est tout ce qui se sent et se comprend soi-même, tout ce qui se reproduit par la pensée, qui est le souvenir, et par la prévision, qui est l'espérance. Rien d'organisé par la flamme du soleil ne cesse d'obéir à son mouvement, qui est l'amour intelligent de sa nature.

Le cristal seul ne se reproduit pas lui-même, il ne cesse son inertie qu'en s'associant à deux, ce qui est un commencement de tissu cellulaire, grâce à l'association ou plutôt à la réassociation de la flamme émanée du soleil.

Vous avez vu que deux rameaux transparents d'une conferve, deux cheveux en petitesse, s'attirent, se recherchent, c'est-à-dire, se comprennent, se reconnaissent et s'associent l'un à l'autre, de manière à n'en faire plus qu'un seul ; et de cet accouplement, il naît un troisième être.

A part la parole, que vous ne pouvez pas entendre à votre portée, il y a, dans ce rapprochement intelligent, toute la frénésie de l'idylle, précédée de l'appel enthousiaste de l'églogue et du soupir : le langage du cœur enfin que précède un instant celui du choix et de la raison ; là est toute une âme ; car là surgit une série de mouvements spontanés.

Mouvements plus visibles.

10° Cette série vous pouvez à volonté la provoquer, et la faire renaître sur vos yeux.

Prenez une fleur d'épine-vinette (*berberis vulgaris* LIN.) ; vous aurez un calice de cinq feuilles, cinq pétales alternant avec les cinq divisions du calice : puis cinq étamines en face d'un ovaire. Touchez, avec la pointe d'une aiguille, l'une de ces étamines ; et aussitôt, obéissant à cette agression d'amour, vous verrez ce mâle (l'étamine) s'appliquer, par son anthère, sur le stigmate (organe femelle de la fleur), et y rester assez longtemps adhérent, pour remplir l'acte que vous avez réveillé en lui. Chaque étamine remplira la même fonction, si votre aiguille l'y sollicite ; et dès ce moment, le stigmate, organe femelle, a fécondé l'ovaire, organe utérin qui est gonflé par les ovules.

Même osculation que chez les animaux, produit analogue : trouvez-moi là quelque chose d'un automate !

Et la sensitive, plante des pays chauds (*mimosa pudica*), plante du midi, c'est-à-dire la plus imprégnée des rayons de soleil, plante la plus animée d'amour et la plus impressionnable ! Touchez-lui seulement le bout de ses folioles ; et vous les verrez se rapprocher les unes des autres, dans un commun baiser, et se pencher ensuite contre la tige, comme pour l'animer à son tour, par suite de la sensibilité de ce faisceau de nervures qui sont implantées sur sa tige. Elle a donc des nerfs, organes de la sensibilité et de l'intelligence ; car la nature n'a pas deux manières d'animer les êtres, l'une qui fait semblant d'imiter l'autre.

Et dans toute la nature végétale, soit dans les airs, soit dans les eaux, cela se reproduit avec plus ou moins de vivacité, selon le degré de latitude ; tout s'aime plus ou moins fortement, c'est-à-dire avec des mouvements plus ou moins prononcés.

La puissance attractive et créatrice du soleil est marquée partout d'un signe intellectuel indélébile : voyez-le dans les feuilles qui, une fois sorties de leurs germes, s'ouvrent pour ne plus présenter que leur surface interne et verte au soleil, qui l'attire comme un aimant, et pour se mettre en rapport avec la terre par la page opposée qui est plus ou moins blanche, et cela par d'imperceptibles radicules, et de plus par le relief très-prononcé souvent des nervures qui tiennent la place de son système nerveux, lequel distribue

— 111 —

au loin, dans son inextricable existence, l'empreinte de ses préférences, de ses sympathies et antipathies, de ses haines et de ses amours, de tous les jeux enfin de ses harmonies ; c'est-à-dire de tous les mouvements de son intelligence.

Témoins de ce que j'avance.

11° Quant aux témoignages de ses tendresses, il n'en est pas un qui ne se manifeste à la lumière du soleil, pas un seul : en son absence, l'égoïsme règne : en sa présence, tout renaît à la vie et au bonheur. Si le soleil tarde à vaincre le nuage épais qui le dérobe à la vue, la fleur dort et reste fermée ; au moindre rayon, elle tressaille et s'épanouit ; la *graminée* ouvre, comme un large bec, ses deux paillettes, dans le fond desquelles vient s'accomplir le grand mystère de la reproduction ; ainsi le veut le bourrelet nerveux qui forme la base de la paillette à nervures impaires ; et lorsque l'œuvre de la reproduction est accomplie, tout se referme, pour que l'organe fécondé ait à mûrir son germe dans la nuit qui s'est faite autour de lui.

12° Il est dans le sein des eaux de certaines rivières non polluées par les poisons des fabriques, telles que le Rhône, à une certaine distance de Lyon, une plante qui résume, en elle seule, tout le théorème à démontrer ; c'est la *vallisneria spiralis*, dédiée au grand VALLISNIERI par MICHELI, qui l'a si bien décrite et figurée. C'est une plante qui végète au fond des eaux, en si grande abondance que, du temps de Micheli, et dans certaines localités de l'Italie, elle embarrassait la navigation. La fleur mâle vit séparée de la fleur femelle. La fleur mâle se forme sessile au fond de l'eau ; la fleur femelle, au contraire, s'épanouit à l'extrémité d'une longue chaîne roulée en spirale qui la rend capable de venir s'étaler jusqu'à la surface des eaux. Dès que l'heure des amours a sonné pour les deux sexes, la fleur femelle déroule sa spire ; et, à cet instant, la fleur mâle qu'elle appelle, se détache de sa racine et vient voguer autour de la fleur femelle, pour la couvrir des caresses de son pollen : et quand le sacrifice est accompli, la fleur mâle va porter ses corpuscules reproducteurs à tous les germes qui l'appellent ; et pendant qu'il en féconde d'autres, la fleur femelle, satisfaite, rapproche ses tours de spire et retourne au fond des eaux pour veiller aux soins de la maternité. La fécondation a eu lieu aux rayons du soleil qui seul a causé cette fête dont il est l'âme, et qui a fini par la mort de ce qui en faisait la joie. Le mâle a accompli son œuvre, il est fané ; la même plante en élaborera un autre qui s'éteindra comme lui.

Admettez-vous que toutes ces scènes du plus tendre amour ne sont que des illusions de notre imagination, des amours de machines, des représentations automatiques ?

Mais les automates obéissent à une ficelle! De tous ces mouvements qui s'appellent et qui s'accomplissent à la fois, trouvez-moi la ficelle, qui ne soit pas

— 113 —

la même que vous avez subie dans vos amours. Vous vous redressez dès lors de toute votre hauteur de prétendu roi de l'univers, et comme tous les rois (ces grands et stupides bourreaux du corps), vous me direz : *Moi, j'ai une âme !* Vous me le dites et je le crois; l'autre plante me le fait comprendre, et je crois également à ce qu'elle me dit, dans une langue que je n'entends pas. Mon oreille n'a pas été faite pour recueillir des sons aussi subtils, je traduis sa langue : « L'âme, me dit-elle, qui a présidé à tes amours préside à ceux de mon espèce; c'est l'âme du monde; elle émane du soleil et pas d'autre chose : car sans lui toute création s'arrête, tout n'est plus rien. »

Parenthèse humanitaire.

13° Arrêtons-nous un instant et comme par une parenthèse. Je vous ai démontré, dans un autre ouvrage, que tous les animaux qui se meuvent sur la terre, dans les airs et dans les eaux, le font, obéissant à leur âme. Quant vous les croyez des automates, vous vous excusez devant Dieu de les manger pour vous en nourrir; mais quand le lion, le léopard et bien d'autres animaux vous dévorent, ils doivent s'excuser devant le même maître, en disant que l'homme n'a pas d'âme. Cependant je ne pense pas qu'ils vous imitent en se justifiant de cette façon.

Ils vous dévorent, ainsi que tous les animaux moins forts qu'eux, pour se faire, avec les cellules de votre chair, les nouvelles cellules de leur chair à eux ; de même que vous refaites les nouvelles cellules de votre corps avec les cellules de la chair des animaux, quand vous parvenez à être plus forts qu'eux; vous vous en nourrissez, c'est-à-dire, vous les transformez en vous-mêmes; vous vous assimilez leurs cellules.

Car, en général, la nature a donné à chaque espèce d'animaux la permission de se nourrir des animaux d'une autre espèce, mais non de ceux de la sienne. Tuez, pour les besoins de l'industrie ou de la nutrition, tout ce que vous trouverez sur votre passage; mais devant l'homme, surtout devant votre concitoyen, arrêtez-vous avec respect; ne le tuez pas; là cesse votre droit, hommes doués de la raison et de la philosophie.

Je me venge, direz-vous; la vengeance est un crime contre nature, dès que vous avez empêché votre ennemi de se venger; tuer un homme, même coupable, c'est l'imiter; c'était un scélérat! en l'imitant vous devenez mille fois plus scélérat que lui, par la longueur des souffrances que vous lui faites subir moralement ou physiquement.

Aimez-le, au lieu de le faire souffrir; c'est votre devoir; en agissant ainsi, vous en ferez un honnête homme, c'est-à-dire un ouvrier utile à la société, des êtres formés à votre image; votre droit sur lui s'arrête, dès que vous êtes garantis contre le mal qu'il pourrait vouloir recommencer. Liberté alors au plus coupable; car sa folie l'a quitté.

Honte aux hommes de mauvaise volonté! honte à la peine de mort! honte à la balance de la justice, qui pèse la peine et fait trébucher si souvent la balance contre un innocent !

Ce langage semblera hostile d'abord à tous ces grands niais de rois conduits par le bout du nez, sous la férule d'un valet ou d'un ministre à demi fou de rage ou d'orgueil ; hostile à tous les hommes formés à la lecture des codes, aux juges et aux accusateurs et surtout aux avocats qui ne vivent que des condamnations, êtres impies et marchands de paroles. Malheur à la prétendue justice qui se recrute dans ces marchands de mots ! si pleureurs et pathétiques qu'ils se soient montrés dans la défense des plus grands coupables, ils deviennent des bêtes fauves sous le poil d'un accusateur public. J'en ai connu de ces tigres qui, lorsque la guerre impie, la guerre civile se déclara, ont approuvé, de leurs suffrages, l'égorgement jusque des blessés et de leurs chirurgiens ; la tuerie, en masse, d'innocents, de vieillards, de pauvres femmes et de leurs enfants, sans jugement et sur l'ordre de la soldatesque ! scènes épouvantables renouvelées des guerres des Vendéens, devant lesquelles eût reculé l'ennemi le plus féroce ; que d'horreurs ! ô mes enfants, détournez-en les yeux et prononcez avec moi, tous à haute et intelligible voix :

ABOLITION DE LA PEINE DE MORT !!!
ABOLITION DE LA SOUFFRANCE LÉGALE !
ABOLITION DE LA GUERRE !

Au feu ! au feu ! les codes qui avaient fait une loi de ces deux genres de crimes contre la nature !

Mais en même temps pardon aux hommes élevés dans une aussi fausse science, qui insulte Dieu.

Si le suffrage universel pousse ce cri sublime, je lui rendrai mon estime; sinon, non! et je le maudirai à jamais, même à mon dernier soupir.

Me voici arrivé au point principal de ma parenthèse; ici je m'adresse à l'exagération de cette belle idée, à la réfutation des hommes qui ont cru devoir se liguer contre les habitudes de leurs concitoyens : ils croient en effet, de mauvaise nature la nutrition avec la chair des animaux d'une autre espèce que l'homme; c'est la conséquence de l'horreur que leur inspire la peine de mort et de la souffrance qu'on fait subir aux animaux.

Ces braves gens se sont condamnés à ne vivre que de végétaux, comme on peut le faire impunément dans les déserts brûlants de la Thébaïde; on les a nommés pour cela *légumistes* (mangeurs exclusifs de légumes).

Je viens de démontrer que la plante est animée comme les animaux; qu'elle est sensible, née pour aimer, au moins une fois dans sa vie individuelle, laissant la place aux amours de la société dont elle a été un jour un des rameaux, et qui continue son œuvre.

Ce n'est pas la fleur que vous torturez en la cueillant, elle doit même se sentir heureuse des soins que vous prodiguez à ses parfums; car elle n'eût vécu, sur sa plante, que le temps qu'elle séjournera dans le vase que vous lui consacrez : *l'espace d'un matin*. Ce sont ceux qui mâchent ses feuilles crues ou cuites; ceux-là commettent, envers les pauvres plantes, le même crime que les Nemrods de nos bois; mais le Dieu de la nature vous le pardonne, en vous l'ordonnant : les plantes ne sont pas de votre race.

Retour à la thèse.

Là finit ma parenthèse; et j'en reviens à ma haute et sublime thèse : LE SOLEIL CRÉATEUR.

14° Toute cellule créée par la lumière du soleil seul, toute cellule sa fille, se compose d'une vésicule imperforée à nos moyens d'observation, mais se prêtant au double mouvement d'aspiration des liquides qu'elle élabore, et d'expiration des liquides dont elle n'a plus besoin.

Elle est tapissée, à l'intérieur, d'une membrane colorée, chez l'espèce végétale en vert, contre laquelle rampe une spirale, sur laquelle s'échelonnent les organes futurs de l'hyménée; et le vide de la cellule est rempli d'un liquide salin qui se meut, tant qu'il est doué de vitalité, sur lui-même dans le sens que lui a tracé, en la créant, le soleil qui l'anime, le jour comme la nuit; et la ligne, autour de laquelle tourne le mouvement du liquide, est tracée en long sur la vésicule interne, comme par la main du soleil; c'est un ordre et pour ainsi dire, une consigne donnée, et qu'aucune séparation interne ne trace, quoique le mouvement qui l'exécute ait fini par l'imposer.

Toute cellule végétale ou animale est chose vivante de cette façon; les individus n'en sont que des multiples plus ou moins nombreux, dans le cadre de leur reproduction.

15° La spire est empreinte partout, sur les individus, dans toute la nature organisée ; car la spire est l'empreinte du mouvement du soleil qui la transmet à la terre, tandis qu'il la décrit autour d'un autre soleil qui entraîne le nôtre dans l'enceinte de l'espace ; et ainsi de suite, à l'infini sans doute ; et ici il faut que notre esprit s'arrête, pour rencontrer quelque chose qui ait l'air d'une unité créatrice de l'univers ;

Et là, DIEU INCONNU ! je te salue et me confonds en essayant de te voir.

Universalité de la spire.

16° Sur la terre tout se meut en spirale, depuis le filet d'eau qui s'écoule d'un tuyau, jusqu'à l'eau qui suit le cours d'un fleuve et jusqu'aux vagues que la tempête soulève dans l'immensité des mers ; cette spirale se reproduit partout :

17° Sur la plante, par les feuilles qui s'insèrent, en suivant une spire par deux, par trois, par quatre, par cinq (sur le plus grand nombre), alternant le second tour avec le tour antérieur ; car c'est le caractère de la spire, qui n'est pas un cercle et qui ne se rejoint jamais.

A mesure que les verticilles se façonnent à devenir les derniers, vous voyez la feuille devenir plus courte ;

puis un des avant-derniers verticilles s'abréger en un calice spiral; le verticille suivant se métamorphosant en pétales staminigères ou non, mais toujours dans l'alternance spirale des pièces; et la spire s'arrête au dernier verticille, que les cellules de l'anthère arrêteront sur la route du progrès, en le fécondant.

18° Prenez le plus beau de ces individus, le BOUILLON BLANC (*verbascum thapsus*) avec sa haute tige parée de fleurs, (terminaison de la tige cachée) ou de fruits (terminaison de la fleur); vous suivrez dès le bas de la tige droite élevée vers le zénith, comme une perpendiculaire à l'horizon, et vous verrez se dessiner tous ces tours de spirales, indéfiniment, jusqu'au dernier verticille qui s'est arrêté de fatigue, et se dessine encore, comme une espérance ou un souvenir, sur l'axe de la tige.

19° Fléchissez, comme la plante s'y prêtera, une de ces tiges droites et perpendiculaires à l'horizon; et la portion libre dans ses mouvements se redressera vers la perpendiculaire, en retournant sa page supérieure vers le soleil qui l'attire, et sa page inférieure vers la terre où continue à l'appeler le soleil, pendant les heures de la nuit.

Il n'est pas jusqu'au champignon quelconque (*fungi*) qui n'ait, au bout de sa tige droite ou courbe selon l'horizontalité ou la verticalité de son attache, une page horizontale en face du soleil et une face occulte en face de la terre; celle en face de la terre porte les germes féconds et reproducteurs.

Pourquoi tout végétal vise à la verticalité.

20° Nous voici arrivés au plus grand et au plus beau des mystères de la vie universelle !

Pourquoi cette tendance à la spiralité ne s'exerce-t-elle pas dans tous les sens de l'espace, mais seulement dans celui de la verticalité ?

La spiralité imposée dans son mouvement annuel, par le soleil, en est l'unique cause.

Nous n'étudierons la spiralité dans les plantes, qui restent attachées au sol, pendant que les animaux se déplacent, nous ne l'étudierons que dans le degré, 48° 59 m., que nous habitons.

Je commence par expliquer la cause du phénomène, pendant l'hiver où la terre est arrivée à son solstice :

Les rayons du soleil ne nous arrivent qu'avec la forme d'un cône, dont le sommet est à sa surface et dont la base indéfinie et toujours croissante ne s'arrête que sur ce qui lui fait obstacle et sur lequel se concentre, par une espèce de choc, toute la chaleur dont il est dépositaire.

Quand la terre est arrivée en cet endroit, au solstice d'hiver, le rayon conique, n'arrive à notre portion de terre, que par la plus faible partie du cône et de sa base ; tout le reste allant se perdre dans l'immensité de l'espace, jusqu'à ce qu'il rencontre un obstacle qui l'arrête et se réchauffe de sa chaleur, c'est-à-dire, qui reprenne la vie, laquelle s'éteint faute du véhicule de la chaleur.

A cette époque de l'année, la terre semble se reposer, tant elle reçoit une faible tranche du cône lumineux; ce repos n'est qu'apparent, insensible qu'est le mouvement à notre vue. Mais à mesure que la terre avance vers le pôle Nord, la force de la vie s'accroît et elle atteint son maximum d'action, le 21 juin, à l'époque du solstice d'été, où elle reçoit, arrête et s'associe la plus grande partie de la base du cône solaire; qui lui arrive en plein sous la zone torride, où s'opère le *maximum* de l'organisation.

21° Prenons la vésicule que le soleil va animer de sa flamme; elle se compose de la feuille qui, encore toute petite, est l'organe mâle et qui tient embrassé l'organe femelle; celui-ci est composé en général de deux bractées soudées d'abord et caduques après l'acte; cet organe se façonne en suivant la spirale dans laquelle l'enserre la spire que lui trace le soleil dans le mouvement qu'opère la terre. Ce mouvement indéfini continue son œuvre d'accroissement spiral, jusqu'au solstice d'été où la décroissance commence; et avec elle commence la fructification, qui semble sommeiller pendant qu'elle conserve dans son sein les spires fécondées.

Lorsque la saison de la germination arrive, après

l'équinoxe du printemps, on voit la feuille se raccourcir de plus en plus, et se dépouiller du réseau en relief de ses nerfs ou nervures, qui tapissent souvent la surface ombragée de la feuille, pour les recueillir dans sa surface éclairée; et tout s'arrête en développement foliacé et se forme et s'isole en germes d'approvisionnement, en suivant la ligne spirale tracée par le soleil sur chaque feuille produite en spirale. Tout s'abrége dans la tige, pour devenir ovaire et composer certains groupes de fleurs qui, plus tassées que les autres, continuent à se reproduire en se serrant de jour en jour, par l'effet de la spiralité : par exemple, la fleur qui imite le soleil son père et que la botanique a appelée *helianthus* (fleur du soleil). Elle commence à porter des fleurs dans un cadre bien minime, s'accroissant de jour en jour, en continuant la spire génératrice des feuilles, et par l'alternance des points engendrés sur la spire, et qui semblent, en se serrant, constituer une seule et immense fleur, ce qui n'arriverait pas si leur arrangement accomplissait un cercle ; en sorte que, lorsque tout produit se détache de ce vaste cratère d'engendrements, les traces en restent sur le plateau par l'alternance spirale, qui produit, à l'œil, des lignes courbes de la circonférence au centre, d'après toutes les directions de droite ou de gauche.

Développement d'une fleur.

22° Le développement de la fleur a lieu avec le lever du soleil, et se termine quand il est arrivé à sa plus grande hauteur. Le lin (*linum usitatissimum*) commence à ouvrir sa corolle (de juin en juillet) à 3 heures et demie du matin (lever du soleil vers le 21 à 3 heures 58) et la fleur s'effeuille entre 11 heures et 1 heure. Si on place ce bouquet dans un vase, à l'ombre, les fleurs restent deux jours grandement ouvertes; la vie lui arrive alors plus lentement : plus la spirale de la terre redescend vers le sud et plus la corolle de la fleur se rapetisse jusqu'à ne plus s'ouvrir.

Division de la spire.

23° La spire que décrit la terre, en roulant autour du soleil, se divise en deux périodes : la période *diurne* et la période *nocturne*; les deux égales vers les *équinoxes*, époque où le développement diurne et par l'action directe du soleil, égale en durée le développement nocturne, par l'action opposée du même astre. La nuit continue la spire du jour.

De même que, pendant le jour, le développement se fait spiralairement autour de l'axe vertical au sol, de même la nuit le développement se fait dans le même sens spiralaire, autour du même axe vertical.

Le soleil qui, depuis la création, imprègne de ses rayons notre terre, dans le mouvement qu'il lui imprime, conserve sur elle son pouvoir d'attraction, quand il semble nous quitter pour marcher vers nos antipodes; et il nous attire, à travers l'obstacle même à traverser.

« La spiralité continue son œuvre par la racine qu'il féconde sous le sol. »

Rendez la lumière directe du soleil à la racine, en la déterrant, et elle bourgeonnera au grand jour ; replongez le rameau aérien sous un monceau de nouvelle terre, et le rameau bourgeonnera en racines ; même travail le jour que la nuit à la voix du soleil qui crée. Seulement direction diamétralement opposée et non de la même durée : au solstice d'été 18 heures pour le travail du jour, et 8 heures pour le travail de nuit ; et, au solstice d'hiver, 18 heures environ pour le travail de nuit, et 8 heures seulement pour le travail de jour. Et quant à la température, même changement progressif d'un solstice à l'autre : la température passe d'une moyenne, dans l'un et l'autre cas, de 20° centigrades en été à 3° à 4° en hiver ; ce travail, en conséquence de cette hauteur à cet abaissement de la température, émane, dans l'un et l'autre cas, du soleil et partant créateur dans les deux cas.

Augmentation progressive de l'atmosphère.

24° C'est ainsi que la terre augmente, d'instants en instants, son atmosphère, en s'imprégnant de la lumière du soleil, et que, d'instant en instant, cette augmentation de diamètre arrive à faire avancer la précession des équinoxes.

énéralité de la spiralité.

25° Cette grande loi de la spiralité n'est pas d'une attribution spéciale à la végétation, nous la retrouvons de toutes parts dans la nature animale : elle apparaît d'une manière évidente dans les coquilles univalves; les bivalves ne sont pas construites sur le même moule, les deux valves étant les produits folliculaires de la spire qui s'enroule dans un autre organe. On la retrouve comme dans les synanthérées, sur l'ivoire.

Chez l'homme elle se lit distinctement dans la cellule musculaire, et c'est à l'enroulement et au déroulement de la spire que le muscle est redevable de ses contractions et de son extension.

Nous la retrouvons dans le développement des nerfs qui s'enroulent entre eux, comme on le voit dans les nerfs des deux yeux, avant qu'ils se soient allongés chacun dans son orbite; et ainsi de tous les autres nerfs du cerveau et de toutes les glandes ou cellules terminales qui aboutissent à la peau. La *sensation* se manifeste par le baiser de deux cellules voisines, et la souffrance par le silence maladif de l'une des cellules en présence de l'autre. De là vient que le concours d'une seule oreille altère les sons, et, comme je l'ai dit ailleurs, que l'homme qui louche, parce que les deux yeux ne sont pas parallèles entre eux et ne reçoivent pas les rayons parallèles de la lumière, éprouve une souffrance qui s'oppose à la vérité des images et altère le jugement; trouvez-moi un louche qui ne divague pas, de même qu'un boiteux qui marche en symétrie !

26° La plante, avons-nous dit, travaille à son développement aérien pendant le jour, et se repose de ce côté pendant qu'elle travaille au développement de son système radiculaire. De même les animaux sont entraînés forcément à reposer leurs idées et à s'endormir, dès la chute du jour : leur encéphale entraîne la tête, que le corps ne soutient plus ; les nerfs cessent leurs embrassements de sensibilité que le soleil cesse d'animer ; l'animal reste sans défense, parce qu'il a perdu connaissance ; tout ennemi, grand ou microscopique, peut le frapper et vivre de sa chair ; la sensibilité est éteinte pendant que le soleil attire le système radiculaire de la digestion ; il est impossible à l'animal de se tenir éveillé ; il obéit au sommeil :

C'est-à-dire, au soleil.

Le jour reparaît, l'homme de la nature, l'homme des champs, se réveille avec une immense joie pour le travail, que le soleil ranime de sa lumière.

Le paresseux lui-même ne peut rester sans rien faire ; il s'agite à faire des riens et à n'être utile à personne parmi ses semblables ; il se tue à consommer sans rien produire, à faire l'office de roi de l'univers.

Il est des plantes et des animaux qui vivent la nuit et dorment le jour ; mais ils dorment sous la terre, dans les caveaux comme les racines et se réveillent à la faible lumière dont le soleil enveloppe la terre pendant la nuit ; plus de lumière les éblouirait : l'organe de leur vision est trop subtil, et a besoin de moins de lumière.

Il faut que la nuit ait sa vie aérienne comme le jour.

27° Je m'arrête en ce point, me promettant, dans un ouvrage prochain, de donner à cette grande idée une étendue digne d'elle; ici je crois avoir démontré le principe.

Cercle infini de créateurs créés, de créés créateurs.

O vous, peuples adorateurs du soleil, hommage à vous! vous étiez dans le vrai, presque aux antipodes les uns des autres : lorsque, dans vos fêtes splendides et qui s'organisaient à la lumière magnifique de votre créateur, vous veniez le saluer sur son char de gloire, en jetant, aux pieds de ses rayons, la foule de tous les âges, depuis l'enfance dans les charmes purs de la beauté naissante, depuis l'adolescence dans les attraits irrésistibles de la beauté accomplie, jusqu'aux admirables produits de l'hyménée et à la vénération qui distingue la vieillesse, qui se joignait au cortége pour la dernière fois! Immense cantique de la vie, qui commençait et qui s'éteignait à ta lumière, pour recommencer une nouvelle portion d'ères interminables, ères de vérité et de bonheur qui passent et reviennent, en ta présence, naître, produire et disparaître, toujours et à jamais, autour du grand astre qui les a engendrés et qui les recompose.

Un jour fatal, nos Européens sont venus arborer, autour de vous, le drapeau de sang et de mensonges, pour vous ordonner, par le glaive, un Dieu tout autre, Dieu triple, trois dans un, Dieu de vengeance qui a soif de sang..... cet impitoyable blasphème contre la simplicité unique d'un Dieu créateur, après avoir été créé par un autre des créateurs, à son tour créé, et ainsi de suite, au milieu de ces innombrables soleils qui roulent de la sorte leurs immenses spirales, pour atteindre la grande unité..... devant laquelle je m'incline, désespérant de l'atteindre et de la voir :

CERCLE INFINI
DE CRÉATEURS CRÉÉS,
DE CRÉÉS CRÉATEURS.

Qui sait si cette belle doctrine ne sera pas accueillie, par un peuple de Huns, qui reprend la première et féroce puissance des premiers temps ! ! !

Accueillie dans les larmes de la souffrance et dans les flammes d'un bûcher ! ! !

Dans les tortures des prisons et du poison ! ! !

N° XVIII.

LA TERREUR DE 93,

ŒUVRE DES JÉSUITES.

Je vous ai fait bien des fois observer qu'à l'époque où se déclara le règne de la Terreur, et dans la liste des crimes commis par la peine de mort, on ne rencontre pas le nom d'un jésuite ; tandis qu'on voit monter à l'échafaud et en foule, les nobles libres penseurs et les ennemis des jésuites, les prêtres jansénistes, etc.

Je vous ai cité un jésuite dans le nombre des agents de la Terreur.

Aujourd'hui je vais grossir le nombre de ces instruments du massacre ; écoutez-moi et méditez mes phrases.

Robespierre.

Je commence par vous rappeler que Robespierre fut élevé par les jésuites, au collége Louis-le-Grand ; Robespierre, qui eut pour Egérie Catherine Théo, qui chercha à habituer les Français à la religion du Dieu en trois personnes, par la fête de l'Être suprême, et qui encombra de vrais républicains les prisons, après avoir sacrifié à son Dieu le vaillant Danton et le créateur de la République, l'homme d'esprit ingénu et son admirable épouse ! je veux parler de Camille Desmoulins. Les jésuites, vous le savez, abhorrent les femmes ; horreur à vous, grands hypocrites ! horreur à Robespierre dans tous les siècles.

Je vous parlerai plus tard de Carnot, son collègue dans le crime; et j'arrive droit à un autre instrument de ces grands scélérats.

Cérutti.

Je veux parler de CÉRUTTI. C'était un vrai et ostensible jésuite, élevé par eux, choisi par eux et reçu dans le saint ordre d'Ignace de Loyola comme professeur.

Dès que les jésuites furent chassés de France, il se retira chez Stanislas, duc de Lorraine et ex-roi de Pologne; roi aimé des jésuites, qui lui pardonnaient ses doux péchés d'amour. Il en devint le protégé; et c'est dans le palais du roi, à Nancy, que Cérutti composa, sous les yeux du Père jésuite Ménou, un livre de 576 pages, intitulé : APOLOGIE GÉNÉRALE DE L'INSTITUT ET DE LA DOCTRINE DES JÉSUITES, qui fut imprimé à Soleure (Suisse) en 1763;

Année intermédiaire entre celle de l'arrêt rendu par le parlement et celle de la promulgation de l'arrêt par Louis XV, qui finit par se rendre aux vœux du parlement.

Cet ouvrage de Cérutti est monstrueux de mensonges à la manière des jésuites : on le voit y nier d'abord ce qu'il affirme être une vérité ensuite.

Le saint jésuite se posa en holocauste pour *l'institut* aboli par le parlement; et cependant quelque temps après il devient amoureux d'une dame qui le repousse, mais amoureux fou jusqu'à en perdre l'habitude d'écrire, et à tomber dans le marasme ; ce dont la duchesse de Brancas le consola en lui passant au doigt une bague de mariage; et ils vécurent de la sorte quinze ans mariés devant Dieu, avec la permission des jésuites.

Alors sonne l'heure révolutionnaire ; et le jésuite Cérutti fait paraître, en 1788, après une première brochure, *Mémoire pour le peuple français*, un livre intitulé : *le Gouvernement sénati-clérico-aristocratique*: ouvrage préliminaire de la Terreur, qui renferme pour ainsi dire le programme de la liste de ceux que le jésuitisme devait désigner à la guillotine : les nobles *incrédules*, le roi à leur tête, le roi petit-fils de Louis XV qui avait eu la faiblesse de les chasser, et qui devait payer pour son grand-père ; les jansénistes simples curés et surtout le parlement qui avait banni cette immonde séquelle avide de sang. Ces scélérats ne dérogent jamais à leurs doctrines, sous quelque peau qu'ils se déguisent.

Eh bien, Cérutti, membre d'une société où l'on fait vœu de pauvreté, est mort riche de six mille francs de rente, en 1792; mort d'une maladie honteuse; il distribua sa fortune à ses amis et domestiques, jésuites comme lui, et sa bibliothèque à Grouvelle, dont nous allons parler.

Grouvelle.

Ami intime de Cérutti, il s'élève hautement contre le nécrologiste du *Moniteur* (mardi 17 avril 1792), pour avoir eu l'audace de blâmer Cérutti de s'être dit pauvre dans son testament avec une pareille fortune; et dans la réclamation insérée mot à mot dans le *Moniteur* de l'époque, il fait l'éloge des jouissances que se permettait Cérutti et qui l'ont conduit au tombeau.

Or qu'était-ce que ce Grouvelle? un conspirateur dans le genre de Cérutti, contre les libertés publiques, introduit comme lui au sein des États généraux et de la Convention.

Comment avait-il commencé? Par être le commis de Champfort. Il devient secrétaire du prince de Condé, celui qui, dans l'émigration, s'écriait: *Encore trois mois de guillotine et notre affaire est sauvée.*

Grouvelle était un demi-bel-esprit des hauts et puissants salons; il était en faveur auprès de Marie-Antoinette; il arrive pourtant à l'Assemblée. Dès le 10 août 1792, il se laisse nommer secrétaire du conseil exécutif provisoire; et, le 20 janvier 1793, il se voit délégué pour lire à Louis XVI sa condamnation à mort; ce dont il s'acquitta *d'une voix faible et tremblotante;* vous devinez pourquoi : il n'avait pas réussi, ou il en prenait l'air.

Grouvelle avait collaboré, avec Cérutti, à la rédaction de la *Feuille villageoise.* Cet homme est mort en 1806, laissant deux enfants, Grouvelle et Laure Grouvelle. J'ai retrouvé Grouvelle fils républicain à la façon de Godefroy Cavaignac et de son *socius* Trélat; conciliabule que je quittai avec plus de mépris que d'horreur, dès que j'eus reconnu qu'ils appartenaient à un autre ordre de choses. La malheureuse Laure était-elle de bonne foi? Elle avait la pétulance d'un jeune homme, pendant que son frère semblait confit en dévotion; elle est devenue folle en prison et y est morte. Elle avait été dénoncée par ce misérable espion Hubert qui l'a suivie dans la tombe, après s'être enrichi, à la suite de Morny; la vie des scélérats est en général bien courte.

Grouvelle fils n'est jamais allé voir sa sœur; il se serait exposé à perdre sa place d'ingénieur chauffeur de la prison Mazas. Quel vilain monde que tout ce monde, accusés et dénonciateurs!

Quant à Hubert, il avait reçu l'ordre de la police de Morny de m'assassiner dans ma prison. Mal lui en prit; je lui cassai les reins et lui démanchai le poignet. L'histoire veut que je dise qu'en prison, il était l'ami de Barbès; expliquez-moi la chose, si vous le pouvez.

FRÉRON (LOUIS STANISLAS)

FILS DE

FRÉRON (Élie-Catherine).

Preuve irréfragable de l'accord des jésuites avec les agents de la Terreur.

Vous connaissez tous la portée des écrits de Fréron le père, l'ami et collaborateur de Desfontaines, aussi immonde dans ses mœurs que ce dernier, et ennemi juré de Voltaire; il mourut d'un accès de goutte, qui n'est pas le mal des gens vertueux. Fréron père était entré chez les jésuites; et il professa au collège Louis-le-Grand, jusqu'en 1759, où il fut obligé de les quitter, pour avoir porté trop loin les habitudes flagrantes qui distinguent ce corps et celui des bons Frères.

Louis-Stanislas, l'ex-roi de Pologne, le reçut à Nancy, pour l'éloigner des parents porteurs de la plainte. Ce révérend roi des jésuites voulut tenir le fils de Fréron sur les fonts baptismaux, et lui donna ses prénoms. Le R. Père Fréron mourut le 10 mars 1776.

Stanislas succéda à son père dans la rédaction du journal l'*Année littéraire*, si cher aux jésuites; il avait été élevé avec Robespierre au collége Louis-le-Grand dirigé par les jésuites; à l'*Année littéraire* il eut pour principaux collaborateurs les jésuites Grossier, et surtout Geoffroy, dont nous parlerons plus bas, ainsi que bien d'autres du même ordre.

Dès 1789, prévoyant le rôle qu'il avait à jouer, dans la révolution qui se préparait, pour l'exécution des vengeances de son ordre, il publie le journal l'*Orateur du peuple*, dirigé principalement contre la *nouvelle garde du roi*.

Nommé pour ce fait membre de la *Convention nationale*, il se ligue à l'instant avec son condisciple Robespierre et se jette dans la Terreur avec une barbarie impitoyable.

Aux Cordeliers il fit l'éloge de Marat.

Envoyé par le *comité de salut public* à Marseille qui s'était insurgée, il traita la ville sans pitié, et, après les massacres, il demanda que la ville fût rasée et qu'on l'appelât *ville sans nom*.

Envoyé ensuite à Toulon après le siége, il fit mitrailler par le canon de Bonaparte, les citoyens pêle-mêle appelés par lui au Champ-de-Mars; il promet grâce à ceux qui ne seraient pas morts et qui se relèveraient; et ceux qui obéissent, il les fait mitrailler encore. Ces scélérats ne procèdent jamais autrement.

J'en passe par centaines de ces cruautés.

Mais tout à coup, il sent que le terrorisme branle au manche, et il se range parmi les ennemis de son ex-ami Robespierre; les jésuites en avaient assez de ces sacrifices humains; ils sacrifièrent, parmi eux, ceux qui s'étaient mis le plus en évidence.

Fréron, l'homme de la Terreur, dès cet instant, s'élève à haute voix contre les terroristes et les dénonce à la Convention.

Et personne, dans la Convention, ne se lève pour le dénoncer lui-même!

Dans l'histoire du jésuitisme, rien n'est fréquent comme ces revirements inoffensifs; ils ne m'étonnent jamais et je les prévois. Les plus frappants de nos jours, parmi ceux que l'on peut citer, ce sont les Buchez et les Trélat; aucun journaliste n'émettra contre eux le plus petit bout de reproche; tandis que contre les hommes honnêtes comme tels et tels, ils ne tarissent pas en calomnies, toujours largement salariées par la sainte société de Jésus.

Quant à Fréron, il continua, contre le faubourg Saint-Antoine, en l'accusant *de terrorisme*, la conduite qu'il avait inaugurée contre les royalistes de Marseille et de Toulon; il demanda qu'on mitraillât et qu'on rasât le faubourg; ce qui ne lui fut pas accordé, grâce au refus du général Menou, honnête républicain.

— 136 —

N'oubliez pas le mois de juin 1832 et 1848 (président Cavaignac, être essentiellement nul par lui-même, mais tout-puissant comme jésuite); et vous verrez que les jésuites ne procèderont jamais autrement contre le peuple; quant au mois de juin 1871..... je me tais; mais les larmes me coulent des yeux.

La conduite de Fréron parut si hideuse à Bonaparte qu'il refusa hautement de lui donner en mariage sa sœur; elle devint l'épouse du général Leclerc, et, à la mort de celui-ci, du prince Borghèse.

Tout ce qu'il put faire pour lui devant l'indignation publique, ce fut de le nommer sous-préfet, à l'île de Saint-Domingue, où il mourut de la fièvre jaune en y arrivant, lors de l'expédition du général Leclerc.

Honte sur lui et sur sa race, qui n'épargnera aucune des hontes à notre pauvre France; tous les dix-huit ans!!!

CONSÉQUENCES DU TERRORISME

(PROFESSÉ A OUTRANCE PAR CERTAINS JÉSUITES)
EN FAVEUR DE TOUT LE CORPS QUI SE CACHAIT.

Il suffit d'énoncer cette proposition pour en saisir la portée.

Dans le nombre des jésuites qui, et cela longtemps après le règne de la Terreur, se montrèrent un peu trop mêlés aux conspirateurs de l'époque et qui en conséquence furent condamnés à mort, nous ne rencontrons que le Père Brottier neveu, qui, en 1797, sous le Directoire, se laissa prendre au piége que lui tendit le colonel Malo et qui fut condamné à mort. Mais ne jugez pas trop vite cette condamnation, comme une exception à la règle générale que nous avons posée : le R. Père Brottier avait été collaborateur de Stanislas Fréron dans la rédaction de l'*Année littéraire* ; de ce fait, la peine qui l'avait frappé fut commuée en cinq ans de détention ; et comme il conspirait toujours, force fut de l'envoyer à Sinnamary, où il mourut en 1798.

Quant aux autres jésuites, collaborateurs ou non de Fréron, ils vécurent tous tranquilles, sous différents noms, jusqu'à l'époque où Napoléon leur ouvrit la porte des églises ; et alors ils se glissèrent dans la rédaction de tous les journaux de l'époque, surtout dans celle du *Journal des débats* qui, sous Napoléon, se vit forcé de s'intituler *Journal de l'empire ;* c'est là que s'installa, entre autres, le célèbre Geoffroy, jésuite, ex-collaborateur de Stanislas Fréron, et qui, sous le règne de la Terreur, avait vécu tranquillement chez un paysan, dont il élevait les enfants. Ce Geoffroy, toujours aux pieds de Napoléon qu'il fatiguait de ses flagorneries, s'attaquait impunément à la gloire de Voltaire et à celle des acteurs libres penseurs ; ce qui lui attira, dans sa loge aux Français, une cruelle bastonnade de la main de Talma lui-même ; il n'osa pas s'en plaindre.

Il mourut à point nommé en 1814.

Depuis cette époque, le jésuitisme n'a pas perdu un jour sans s'insinuer dans tous les grands journaux, où il a pu contribuer à tous les grands massacres du peuple, qu'il dirigeait sous main des deux côtés, aux époques de juin 1832, 1848, le 2 décembre, etc., etc.

Je citerai, comme exemples de ce savoir-faire, la *Tribune*, que la naissance du *Réformateur* réduisit au silence, et dont le jésuite Marrast hâta la faillite. Je le dispensai de la reconnaissance, en acceptant de servir gratuitement la série de ses abonnés; je voulais préserver d'une faillite un journal prétendu *républicain*.

Vint ensuite le *Bon sens*, que mon coup de pistolet sur le plastron de Cauchois-Lemaire détrôna à tout jamais, avec sa rédaction composée de Rhodes, Louis Blanc et Barthélemy Saint-Hilaire, etc. Cauchois-Lemaire s'en consola par sa nomination royale aux *Archives du royaume*.

Enfin le *National*, que la mort de son illustre rédacteur Carrel fit passer sous l'empire des jésuites et la gérance de trois ganaches : Thomas, Bastide et Trélat, qui recevaient d'une main l'article qu'ils signaient de l'autre. Thomas et Bastide étaient marchands de bois; j'appelai le *National* le *journal des bûches*, et ce mot aida un peu à sa chute.

Les journaux d'aujourd'hui ne marchent pas sur d'autres échelles; jugez-en par la férocité avec laquelle ils applaudissent à tous les égorgements périodiques, où s'engouffrent tant d'innocents vieillards, femmes et enfants.

N° XIX.

AVEC DEUX PLURIELS COMMENT ON TROMPE L'HISTOIRE.

Société Aide-toi et le ciel t'aidera. — Société des Amis du peuple.

J'ai pris à tâche de poursuivre un certain spectre dans toutes ses roueries ; il me faudra à chaque pas passer dans la boue et dans le sang ; c'est dégoûtant : mais il le faut pour dégager la vérité de tous ces mensonges. J'en dirai plus ailleurs ; ici je vais prendre corps à corps deux pages de notre histoire contemporaine, et mes révélations vous paraîtront sans doute assez curieuses.

Mes contemporains de 1830 se sont imaginé que ces deux sociétés étaient organisées pour se mettre en opposition avec le gouvernement de Charles X ; et dans le principe j'ai moi-même partagé leur illusion. Elles se composaient de la plupart des noms qui suivent : Cousin, Guizot, Godefroid Cavaignac, Buchez, Trélat et puis une masse de pécores, tels que Littré, Barthélemy Saint-Hilaire et tant d'autres. Qui aurait pu élever le moindre doute sur la pureté des sentiments d'une telle société, quand on la voit, le lendemain de la révolution de 1830, se diviser en deux portions, l'une avec Guizot, Cousin, Joubert, etc., passant hardiment dans les rangs de Louis-Philippe ; et l'autre dans ceux des républicains avec Godefroid Cavaignac, Trélat, Hubert l'ex-notaire, Bastide, etc.?

Le nom D'AIDE-TOI, ET LE CIEL T'AIDERA, que portait une société semblable par ses deux branches, celle qui trahissait ouvertement et celle qui semblait se mettre dans l'opposition, parut sacrifié. Or une pareille société a existé depuis 1790, pendant tout l'Empire et la Restauration jusqu'au jour où il fallut s'afficher pour se préparer à escamoter la révolution nouvelle, dont les flots grossissaient à chaque instant. Je vais vous en donner la preuve :

La société *Aide-toi et le ciel t'aidera* nous est signalée dès l'année 1790 : Gorsas, qui publiait alors *le Courrier de Paris dans les provinces et des provinces à Paris*, parle d'une de ses productions attribuée au vicomte de Mirabeau surnommé *Mirabeau Tonneau* et frère de Mirabeau le Grand. (J'extrais ce qui suit du *Courrier*, XIe volume, n° XIV, 19 avril 1790, page 211.)

« Les lévites du seigneur, dit Gorsas citoyen de Paris, sont trop pénétrés de leur sainte maxime pour que le ciel ne vienne pas à leur secours. Aussi un des chérubins (*) de cette arche céleste vient-il de rendre publique la lettre suivante que nous nous empressons de propager, pour l'édification de nos lecteurs :

« **Aide-toi et le ciel t'aidera.**

« C'en est fait, les monstres triomphent ; notre
« sainte religion est attaquée dans la personne de ses

(*) Mirabeau Tonneau.

« ministres; si on les avilit, on avilit ainsi la religion.
« D'où vient que nos temples sont déserts? c'est qu'on
« a abreuvé d'humiliations tous ceux qui sont revêtus
« du costume clérical. Les lâches ont ajouté à l'infa-
« mie de leur conduite la trahison du crime. La fac-
« tion d'Orléans, qui paraissait être anéantie, est res-
« suscitée de sa cendre. Les Chapelier, les Barnave
« et une foule de scélérats de cette espèce ont sou-
« levé ce *pauvre peuple* contre les membres de l'As-
« semblée nationale, à qui on n'a jamais reproché
« d'autre crime que celui de défendre la cause de la
« religion et du roi (*) avec une intrépidité héroï-
« que (**); et parmi ces enragés de qui pourrait-on
« en dire autant (***)?

« Est-ce d'un évêque d'Autun, qui a renié lui-même
« la religion de ses pères?...

« Est-ce d'un abbé Grégoire, de ce traître à la *nou-
« velle loi*, qui est tout prêt à se faire circoncire (****),
« pourvu que les scribes et les pharisiens lui comptent
« les deniers qu'ils ont acquis par leur *infâme usure*?

« Est-ce un Chapelier, un Lameth? Je n'en fini-
« rais pas; et d'une simple lettre, je ferais un volume,
« si je voulais peindre au naturel les grands *défen-
« seurs de la liberté*.

« Dites maintenant à nos provinces que l'Assemblée
« nationale délibère librement dans Paris!

(*) Par le massacre et la torture.
(**) Quand ils étaient cent contre un.
(***) Et tous ces héros prirent la fuite à l'étranger.
(****) Comme Jésus-Christ l'a été.

« L'abbé Maury a manqué d'être assassiné par une
« tourbe de brigands ; et il n'a dû son salut qu'en se
« couvrant d'un *habit national*.

« L'âne s'est revêtu autrefois de la peau du lion ;
« mais je n'aurais jamais cru que le *noble lion* se fût
« jamais revêtu de la peau *d'un âne* (*). »

Quelle platitude de style dans la prose de l'interprète
de la haute société *Aide-toi et le ciel t'aidera !* et c'est
avec de telles productions que ces pieux défenseurs
du trône et de l'autel ont calomnié le style du savant
Marat, qui les attaquait avec une verve mille fois plus
élégante. Marat est un monstre ! vu que ces braves
lions, sont des honnêtes gens, même sous l'habit d'un
âne !

Dans le peu de temps que dura la *société Aide-toi et
le ciel t'aidera*, en 1830, elle n'a pas donné les signes
d'une moindre platitude, et elle chercha à se faire
oublier, en changeant d'étiquette.

Représentée alors par les saints jésuites Buchez,
Godefroid Cavaignac, l'ex-notaire Hubert, Trélat, Mar-

(*) A qui la faute? est-ce à son *héroïsme* cité plus haut? Les historiens de la Révolution, un peu moins niais que Mirabeau Tonneau, ont prêté à Maury un mot d'esprit que Mirabeau démment complètement dans ce passage, où on lui fait commettre l'action d'un baudet. Ces aimables historiens affirment tous qu'au peuple qui lui criait : *A la lanterne l'abbé Maury*, il avait suffi à l'abbé de leur dire : *Y verrez-vous plus clair ?* pour les désarmer par un éclat de rire. Ce mot d'esprit lui est venu après coup, et quand la peau de l'*âne* l'eut abandonné.

rast, etc., etc., elle vint s'établir dans le manége de la rue le Pelletier ; et ils donnèrent à leur club le nom de

SOCIÉTÉ DES AMIS DU PEUPLE.

A ce mot qui semblait rappeler aux jeunes républicains l'AMI DU PEUPLE du grand républicain Marat, bien des gens s'y trompèrent et moi à leur suite. Ce mot n'était qu'un nouveau leurre, pour amener en évidence les hommes libres et honnêtes de la société d'alors et les faire tomber dans les trébuchets qui n'atteignaient jamais les *socius* et leurs compères.

Or la *société des Amis du peuple* est contemporaine de la *société Aide-toi et le ciel t'aidera*; elle en est la sœur impérissable ; elles continuent, à elles deux, leur œuvre dans l'un des caveaux de Saint-Sulpice.

L'existence de la *société des Amis du peuple*, en 1790, nous est révélée par le même écrivain républicain, par Gorsas (*le Courrier*, XIe vol., n° XIII, pag. 198) en ces termes :

« *Résultat du dernier conciliabule tenu aux Capu-
« cins par la majorité du clergé, présidé par l'ar-
« chevêque d'Aix.*

« Il paraît, dit Gorsas, par un récit publiquement
« avoué et signé, que la majorité du clergé, réunie
« pour la seconde ou troisième fois aux Capucins, afin
« de protester contre le décret rendu par l'Assemblée

« nationale, relativement à la motion de Dom Gerle (*),
« a présenté le projet de *déclaration qui suit :*
 « *La société des Amis du peuple* (**) ayant fait tous
« ses efforts et épuisé tous les moyens qui étaient en
« sa puissance, pour obtenir de l'Assemblée nationale
« que la *religion catholique, apostolique et romaine*
« fût déclarée religion nationale et dominante, seule
« autorisée à professer un culte solennel, vœu exprimé
« dans tous les cahiers, se croirait coupable envers
« Dieu et la nation si, gardant un silence criminel,
« elle ne dénonçait (***) à toute la France que l'As-

(*) Dans la séance du lundi 2 avril 1790, sous la présidence de M. de Bonnay, Dom Gerle avait proposé, pour s'opposer aux calomnies, de *déclarer que la religion catholique, apostolique et romaine est et demeurera pour toujours la religion de la nation, et que son culte sera le seul autorisé.*
Vous pensez bien que toute la partie droite appuya fortement cette motion.
Mais le reste de l'Assemblée nationale réclama l'ordre du jour ; et après une certaine confusion, l'Assemblée vota le renvoi de la discussion au lendemain. Le 13 avril, la discussion est reprise, et c'est dans cette séance que Mirabeau rappela au souvenir de l'Assemblée que « d'ici et de cette tribune où je
« vous parle, on aperçoit la fenêtre d'où la main du monarque
« français armée contre ses sujets, par d'exécrables qui mêlaient
« des intérêts temporels aux intérêts sacrés de la religion, tira
« l'arquebuse qui fut le signal de la Saint-Barthélemy. »
l'Assemblée prononça l'ordre du jour ; ce qui insurgea la droite.
(**) Tel est le nom que se donne cette société, dit Gorsas.
(***) Ces hommes religieux sont essentiellement et de leur nature dénonciateurs, dès qu'il ne leur est plus permis d'écarteler, de pendre ou de brûler les hérétiques ; on a compté, depuis l'entrée des Versaillais, jusqu'à 300,000 dénonciations anonymes

« semblée nationale a refusé solennellement de pro-
« noncer ce décret, et combien elle a montré d'indif-
« férence à s'occuper de la religion, etc., etc. »

L'abbé Maury prit la parole après la lecture de ce projet de déclaration; il la trouvait trop faible pour faire impression sur l'*esprit des peuples*, et il la désirait plus tolérante et plus modérée.

L'abbé Maury était plus politique que les évêques.

Les événements qui ont suivi la révolution de 1830 n'auraient pas tardé à démontrer à l'opinion publique, que les fondateurs de *la société des Amis du peuple*, en 1830, ne faisaient que continuer les errements de la conjuration des saints évêques de 1790, s'ils avaient eu entre les mains les documents que nous venons de leur signaler. Les membres de la société, jusque-là dupes de cette sainte logomachie, s'aperçurent cependant qu'ils étaient joués par de faux frères; et un beau jour, ils firent, sans effusion de sang, leur 9 thermidor; et ils vinrent me prendre à l'unanimité pour me nommer PRÉSIDENT de la *société des Amis du peuple*. Ils élurent un bureau nouveau, qui ne valait pas mieux que le bureau des saints; mais ils comptaient sur mon patriotisme pour faire marcher malgré eux les retardataires.

Dès ce moment, la société devint active et vraiment républicaine; et les saints Godefroid Cavaignac et son *socius* Trélat, Bastide, Thomas, Teste (Charles) et son

contre une foule de gens honnêtes; c'est *le gouvernement lui-même* qui a signalé ce fait au public.

9

socius Buonarotti, Hubert l'ex-notaire, etc., etc., firent des démarches auprès de moi pour m'amener à les tenir au courant de tout ce qui se passerait de secret dans la société nouvelle, ainsi bouleversée de haut en bas.

Je leur répondis que j'avais horreur de tout ce qui sentait le conciliabule; qu'au lieu de me permettre rien de secret, je me proposais d'agir en tout publiquement, et qu'ils seraient eux-mêmes forcés de me suivre et de jeter le masque aux orties.

Je commençai par former, côte à côte de la *société des Amis du peuple*, une société d'ouvriers pères de famille et travailleurs, ennemis des grèves, lesquelles appauvrissent l'État, en ruinant les deux camps, les ouvriers et les patrons.

Je nommai cette société connexe, *société des Droits de l'homme*; et voici comment j'inaugurai la première séance :

« Citoyens, je vous remercie de vous être rendus à
« mon invitation ; je vous déclare franchement que
« vous n'êtes pas encore les égaux des membres de
« la *société des Amis du peuple*; mais chacun de vous
« peut le devenir; vous serez admis dans son sein,
« une fois que, par votre instruction et votre labo-
« rieuse moralité, vous aurez mérité ce noble titre.
« Dès ce moment-ci, vous prenez l'engagement
« d'exercer les uns sur les autres une sévère mais
« fraternelle surveillance, de vous former les uns les
« autres à la moralité, et de me dénoncer ceux qui
« s'écarteraient de leurs devoirs d'honnête homme

« pour passer dans le camp ennemi ; mais attendez-
« vous à être cités ouvertement devant la société,
« pour fournir les preuves de votre accusation : vous
« vous réunirez sous ma présidence, et, en cas d'erreur,
« vous tendrez la main à l'accusé, en lui disant :
« *Oublie et pardonne-moi.* »

Ces braves gens n'ont pas faibli une fois à cet engagement, et ils se sont toujours conduits entre eux
comme des excellents frères, jusqu'au jour du 23 juin
suivant, où, tombant dans le piége tendu par les *socius* de la *société de Jésus*, ils se firent hacher par
morceaux au Cloître-Saint-Merry, pendant que le pieux
Cavaignac se promenait sous les fenêtres de ma prison,
sur la grande route de Versailles, et Trélat dans un
autre endroit, et c'étaient eux qui, contre ma volonté
expresse, avaient organisé cette sanglante boucherie.

Le lendemain, moi innocent de cette échauffourée,
je fus traîné à pied, de ma prison de Versailles à
Paris, en tête d'un gros de soldats conduits aux
compagnies de discipline. J'étais destiné à passer
devant un conseil de guerre, qui n'acquitte jamais un
homme hostile au gouvernement, et à être fusillé,
séance tenante, dans les fossés de Vincennes. Heureusement, la Cour de cassation, ayant honte d'une
telle iniquité, donna une leçon au pieux Louis-Philippe, en cassant l'état de siége ; ce qui me ramena
moi à Versailles, et Godefroid Cavaignac et son *socius*
Trélat à leurs saintes fonctions ; j'abrége et vous con-
terai cela ailleurs.

Je continue l'histoire de quelques-uns de mes faits

et gestes comme Président de *la société des Amis du peuple*.

La société n'avait pas, à cette époque, un seul *journal* à son service ; les journaux étaient alors, ce qu'ils sont aujourd'hui, aux ordres des banquiers actionnaires (*), qui en font une spéculation de bourse ; et ils se rangent dans l'une ou l'autre classe de l'opposition dynastique ; ils ont tous horreur de la *République ; idem* en général des *journaux* d'opposition de province.

Je créai donc un journal à nous, sous le titre de *Journal de la société des Amis du peuple*.

Aucun journal ne voulut insérer le titre même d'une pareille entreprise.

Pour obvier à cet obstacle à la publicité, je pris un certain nombre de membres de la société des Droits de l'homme, privés de travail par quelque blessure ou autre indisposition ; je leur mis entre les mains un long bâton, terminé par une planche, sur laquelle on lisait des deux côtés un placard imprimé portant :

Journal de la Société des Amis du peuple ; UN SOU.

Nos hommes traversaient les rues sans dire un mot ; je les croyais ainsi inattaquables, la loi n'ayant pas signalé ce mode de publicité comme une violation.

Cependant la police mit ses sergents de ville aux trousses de ces braves gens ; dès ce moment, je les fis

(*) Ainsi le commandent la gravité de l'impôt du timbre et la crainte des amendes ruineuses ; cela s'intitule la liberté de la presse.

entourer d'une escouade de membres de la *société des Amis du peuple*, le bureau et le président en tête; et le gourdin des sergents de ville eut peur du bâton de la Société.

La foule accourut acheter impunément *le journal* de la vraie et indépendante opposition.

Mais la justice vint en aide à la police; c'est ce que je demandais comme une réclame pour la province.

Le procès commença le 10 janvier 1832, sous la présidence de JACQUINOT GODARD; l'accusateur public était le substitut DELAPALME, tous deux jésuites.

Nos *socius* de la sainte société n'avaient pas écrit une ligne dans ce *journal*, ils ne laissèrent pas que d'être ramassés par l'accusation : de là vint *le procès des quinze*, que tous les *journaux* furent obligés d'analyser grandement dans leurs colonnes, en province comme à Paris.

Les *socius* de la Société y firent bonne contenance, et la royauté du fils ou prétendu fils de *Philippe Égalité* y reçut tant de bourrades de la part des témoins et des membres de la Société, que les *Amis du peuple* se virent à la tête de tous les penseurs du grand royaume de France : le discours que je prononçai pour ma défense eut un tel succès que, jusque dans la salle des Pas-Perdus, les crieurs publics le débitaient à la plus haute de leur voix, comme ils débitent le *superbe discours du roi*, le jour de l'ouverture des séances; il s'en vendit cinquante mille exemplaires, chose inouïe à cette époque; des journaux même royalistes le reproduisirent tout entier.

Le jury nous acquitta tous les quinze ; la Cour en condamna quelques-uns, par un insigne abus de la justice, après l'acquittement du jury ; c'est la COUR elle-même de Louis-Philippe qui avait envoyé à la COUR DE JUSTICE l'ordre de me condamner, en compagnie de quatre mouchards de l'une ou de l'autre société, (ou comme aujourd'hui, des deux à la fois, de la pieuse et de l'autre) ; de celle qui a à son service deux grimaces et de celle qui n'est tenue qu'à une seule.

Ils ont été plus tard reconnus comme tels.

Je ne vous ai donné ces deux moyens de mon savoir-faire, dans l'intérêt de la République future, que comme deux échantillons ; et croyez bien que si la République semble exister aujourd'hui, de telle sorte que la présidence de la République est passée entre les mains de son plus acharné ennemi, ce n'est pas aux républicains de *nom* que vous le devez (dans le fond du cœur, ils étaient aussi acharnés contre moi que leur cher maître), mais à mes discours, à mes conférences et à mes livres ; et j'ai le droit d'être fier de mon succès.

Quant aux infernales machinations des jésuites contre l'établissement de la bonne et saine République, ne désespérez pas, mes enfants ; elles tomberont d'elles-mêmes et sans effusion de sang ; et la République triomphera autrement que sur un mensonge, et qui sait si je n'assisterai pas encore à son réel avénement !

Vous me demanderez ce que devint la *société des Amis du peuple* après le néfaste succès qu'obtint la rage jésuitique au mois de juin 1832, et pendant notre prison de Versailles.

La Société en minorité nomma pour me remplacer à la présidence, en qualité de vice-président, le farouche républicain Godefroid Cavaignac, dont je vous ai raconté une des prouesses rétrospectives. C'est à sa laideur et à sa maigreur armée de deux grandes moustaches qu'il était redevable de sa réputation de Bayard.

Notre homme, ainsi transformé, imagina de réduire la Société à un petit nombre de confrères jésuites, et de les poser en conspirateurs éprouvés. Ils abandonnèrent en conséquence le local de la *loge maçonnique* de la rue de Grenelle-Saint-Honoré, et ils imaginèrent de se réfugier au *Moulin-de-Beurre*, près de Montrouge, où la conspiration avait l'air de former de vastes projets, *inter pocula;* les purs ne procèdent pas autrement.

Mais deux ou trois jours après, la police s'introduisit au milieu de la séance, et trouva la sainte société cachée sous les nappes des tables, d'où chacun des membres fut chassé par un violent coup de pied d'un sergent de ville, à l'adresse du coccyx; et le vice-président s'enfuit en essuyant sa culotte, et alla faire son rapport à la sainte société de Jésus. Puis notre héros par la figure mourut de sa belle mort et couvert de gloire. Son frère Cavaignac II révéla au monde et à l'histoire ce qu'aurait fait son frère aîné, et cela en mettant sa nullité militaire aux ordres de la férocité des jésuites, à l'époque du *nombre d'or* de

Loyola, c'est-à-dire du mois de juin 1848 ; il est mort à son tour aussi, que la terre lui soit légère ! Un peu plus tard je m'étendrai davantage, alors qu'il me sera permis de parler librement, au sujet du dernier nombre d'or, qui ne se marque plus sur la pierre en or, mais en *rouge de sang* : *sic transit gloria mundi.*

PROGRÈS INCESSANT DU JÉSUITISME.

Vous pensez peut-être qu'en 1871 ce corps, qui n'est jamais plus à craindre que lorsqu'il se tait, est arrivé à son paroxysme de sacrifices humains; détrompez-vous. Rappelez-vous une phrase que l'un de ses adeptes exprimait à madame Dudevant (George Sand), en lui montrant, du bout de sa canne frémissante, le cours de la Seine : « Il arrivera un jour où ce fleuve sera rougi de sang. » Cet énergumène n'était autre que Michel (de Bourges), l'avocat aux grandes vociférations suivies d'un grand silence ; il s'était fait jésuite pour expier une faute grave. Vous avez vu se réaliser la prophétie, ces derniers jours. Vous n'êtes pas au bout ! l'histoire de ce corps est un long tissu de taches de sang du peuple, des grands et des rois.

Ils ont été chassés d'Angleterre, du Portugal, de l'Espagne, de France, etc., comme immondes dans leurs doctrines, féroces contre l'humanité et impitoyables dans leurs conspirations.

Aujourd'hui ils se sont 'glissés un peu partout :

voulez-vous que je vous signale un de leurs grands armements? écoutez-moi bien, je n'ai jamais trompé personne :

L'*INTERNATIONALE* est son agent secret, à l'insu de la plupart de ceux qui se sont laissés entraîner dans ses rangs.

Que les ouvriers travailleurs m'écoutent et se pénètrent de ce que je leur dis : partout on les insurge par des grèves aussi ruineuses, je le répète, pour eux que pour les patrons : cela fait le compte des scélérats initiés dans cette organisation infernale. De là les incendies qui éclatent partout sur notre globe, depuis la Chine et le Japon jusqu'à Moscou, à Chicago, en France, en Angleterre. Ce n'est plus un monde que le nôtre : c'est une grande tuerie.

Quel remède à ce fléau universel? vous le cherchez et vous l'avez sous la main!

L'arrêt du parlement, rendu en 1762, n'a jamais été révoqué : exécutez-le largement et avec une surveillance sévère.

Ordonnez aux jésuites, ainsi qu'aux moines et religieuses de leur secte, de sortir du royaume et de ne plus y rentrer à jamais.

Si vous n'exécutez pas de la sorte l'arrêt solennel du Parlement, attendez-vous, quand reviendra le nombre d'or du saint ordre, à voir sortir de l'enfer un déluge de vols, de meurtres et d'incendies, qui dépassera de vingt coudées la masse exorbitante qui a amené, en 1870 et 1871 (et sans jugement!), l'exécution de tant de femmes, d'enfants et de vieillards, et qui a couvert la France et Paris surtout d'un lugubre drap de deuil. Allez à Metz, et les habitants, vous répéteront les propos qu'y tenaient les Allemands en y entrant ; l'événement les a confirmés un à un ; la cour de Rome a un grand intérêt à s'en justifier. Mais cela la regarde, et elle n'y prendra pas garde.

Vous êtes avertis, Français! peut-être alors, dans vos sanglantes guerres civiles, organisées par les moines, vous serez arrivés à être la

dernière des nations.

Avant cette époque, je serai mort de la mort de l'homme juste ; et peut-être en vous maudissant des soixante ans de ma vie que j'aurai en vain consacrés dans les privations, les souffrances et les fers, pour vous apprendre à devenir meilleurs.

N° XX.

PROGRAMME
DE LA RÉPUBLIQUE FUTURE.

1° Chacun y travaille et y produit selon ses goûts, ses forces et son aptitude; l'ouvrier et l'ouvrière reçoivent un salaire selon leurs besoins.

2° Le mariage y est en honneur : honte à qui n'est pas uni à 21 ans; à moins qu'il prouve que la nature l'a condamné à être célibataire, ou qu'il se croie destiné de sa propre volonté à soigner de vieux parents ou à élever de jeunes orphelins.

3° Respect à la fortune noblement acquise; car c'est elle qui payera l'impôt.

4° Abolition souveraine de la peine de mort et de toute autre peine, surtout de la souffrance imposée par la loi; on appellera alors cruauté ce que l'on nomme aujourd'hui peine légale, et barbarie l'attirail de tout ce qu'on appelle aujourd'hui la justice. Une balance pour peser les fautes humaines, c'est le caprice imaginaire de l'indifférence et de la méchanceté mis au service de l'absurde, de même que la prétention à l'infaillibilité, de la part d'un homme, c'est le caprice d'une folie exploitée par des coquins plus habiles que le sot.

La peine de mort est l'imitation multipliée de la scélératesse d'un instant, et qui frappe plus souvent l'innocent et l'insensé que le coupable.

5° Substituez à ces sanglantes cruautés, la réparation selon les moyens du coupable, et la réformation de ses mœurs nuisibles à la société, avec le concours de la famille du coupable.

Que toutes les causes commerciales, civiles et criminelles soient jugées par un jury compétent de l'arrondissement que le fait concerne.

6° Abolition de la guerre, une fois que les peuples, plus sages que leurs rois, auront dit à ces prétendus maîtres : Arrière tes envies de faire de nous des voleurs de nationalités par le canon, l'incendie et le carnage ! si tu veux te mettre à notre tête, sois plus vertueux que nous, si cela t'est possible.

7° Abolition des armées permanentes, cette école de la paresse qui consomme et ne produit rien, de toutes les prostitutions et de toutes les barbaries. Renvoyez le soldat à l'école de la famille et au travail qui enrichit l'État.

8° Que tout citoyen soit soldat, appelé, tous les dimanches matin, à s'exercer au maniement des armes, et tous les trois mois aux grandes manœuvres; après chaque exercice que chacun dépose les armes à l'arsenal.

Élection aux grades par le concours devant un jury compétent.

En cas de guerre, élection devant ce jury, d'un dictateur pour trois mois que la victoire doit durer, et rentrée du dictateur dans ses foyers ensuite.

Pendant tout ce temps, discipline militaire inexorable; habit militaire simple, sans panaches, épaulettes, broderies d'or ou d'argent etc.; à peu de chose près l'habit bourgeois fermé.

9° Instruction gratuite, obligatoire, laïque et complète au canton, à l'aide du transport gratuit par les chemins de fer.

10° Tolérance illimitée pour les croyances, chacun payant pour le culte qui lui plaît ou ne payant pour aucun.

Croire, c'est raisonner sur les lois de la nature : chacun est libre de le faire comme il l'entend ; c'est une affaire privée. La loi défend les invectives en l'honneur de Dieu et les démonstrations ou mascarades publiques.

Que chacun aime Dieu à sa manière, mais avant tout qu'il apprenne à aimer son semblable et à le moraliser.

11° La commune, ce multiple de la famille, doit être souveraine pour tous ses intérêts locaux, sans que le gouvernement ait le droit d'intervenir en rien dans ses délibérations privées.

12° Le gouvernement, composé de députés (un par arrondissement), est souverain pour régler les intérêts généraux.

13° Le président est chargé de veiller à l'exécution des lois générales, qui seront réduites à un fort petit nombre.

14° C'est là en résumé ce que j'ai présenté à l'Assemblée nationale par cette formule :

Décentralisation pour les intérêts locaux ; centralisation pour les intérêts généraux :

Formule que l'Assemblée nouvelle a rendue méconnaissable par toutes sortes de concessions à la future royauté.

15° Les procès entre deux communes seront réglés par le jury cantonal ; les procès entre deux cantons, voisins dans le département, seront réglés par le jury d'arrondissement ; les procès entre deux arrondissements par le jury du chef-lieu ; et tous les autres procès par un jury accepté des deux parties ; le tout sans frais de justice autres que le déboursé réglé par le jury.

16° Impôt unique sur le revenu, bien facile à établir, en déclarant nuls aux yeux de la loi tous billets non enregistrés à l'enregistrement gratuit ; de plus l'impôt progressif, c'est-à-dire frappant plus fort le plus riche, par une règle de proportion à régler en Assemblée.

17° Un président, nommé pour trois ans par le suffrage universel, et responsable.

18° L'État ainsi constitué, sans armée permanente à payer, sans hommes de loi, juges, avoués, avocats, huissiers à payer, sans sinécuristes à engraisser, sans commis et arrière-commis à entretenir, l'impôt sera tel, surtout pour les petites fortunes, qu'en certaines années il pourra être annoncé comme nul, ce qui arrive souvent dans certains cantons suisses.

19° Avec ce bien-être général, la moralité de la

France deviendra la règle et non l'exception ; et l'on ne verra plus se renouveler un état de choses qui a fait notre honte : je veux parler de nos mobiles qui, à part quelques honorables exceptions, ont dépassé, par leur indiscipline, leurs pillages et leurs dévastations, en France, tous les maux que l'ennemi nous a causés. Je pourrais citer les bataillons coupables de ces forfaits inouïs ; j'aurais trop à rougir de mon pays ; je me contenterai de les dépeindre par ces deux mots : les plus dévots et les plus vantards royalistes.

J'étendrai plus tard ce chapitre pour la démonstration ; il y a des gens qui ne croient qu'aux gros livres.

N° XXI.

LE DROIT DE GUERRE,

LE DROIT DE L'ÉTAT DE SIÉGE.

Je vous demande ce qu'il y a de commun entre le droit en lui-même et la proclamation de ces deux états.

Qu'est-ce qu'on entend par le droit de guerre?

Je comprends le droit de se défendre, c'est le droit sacré; mais l'autre en est la négation la plus complète.

Le droit de la guerre, c'est la liberté d'égorger tout ce que l'on rencontre, vieillards, femmes et enfants, par le canon ou autrement, d'incendier les maisons et les moissons, de voler les fortunes! Mais ce droit, c'est le droit du premier scélérat venu, de quelque nom qu'il se décore.

Et l'Allemand est venu pour exercer ce droit.

Qui en a profité, de sa grosse bêtise? — Mais c'est nous en partie, plutôt que lui, je vais vous le démontrer. Il nous a débarrassé d'un aventurier sans nom, sans esprit, sans courage et sans morale, qu'un serment parjuré avait entouré d'un tas de chenapans de toutes les couleurs. Vous avez emmené chez vous, pour les nourrir tant bien que mal, les plus braves de son armée, et cela après avoir acheté les plus lâches de ses généraux; et en même temps vous avez dépeuplé votre pays et vos alliés pour amener contre un pays désarmé un million et demi d'hommes.

Mais ce pays désarmé, et commandé en général par des *sonneurs de retraite*, vous a résisté pendant sept mois par des prodiges de valeur.

Et l'ennemi a laissé sur le terrain deux cent mille hommes au moins ; il a traîné à sa suite six cent mille malades.

Et vous appelez cela une victoire ! j'appellerai moi cela une dévastation pour ces deux pays.

Et toi, gros faiseur d'embarras, tu te crois heureux, mon gaillard d'ennemi, parce qu'au lieu d'une casquette de roi, tu porteras désormais une calotte d'empereur ; mais tu ressembleras alors, mon brave, à notre aventurier qui avait gagné son titre de porte-calotte en sacrifiant vingt fois moins d'individus que toi, et cela en ne se battant pas mieux de sa personne, que toi et ton ministre.

Ce que j'admire le plus dans ces iniquités imitées des scélérats de grands chemins, ce sont les buses qui se sont fait tuer à ton service, pendant que tu sablais notre champagne, avec ton ministre, à dix lieues de tout danger !

Je me demande encore ce qu'ont gagné pour leurs parents ces dévoués à la féodalité.

Quant à toi, mon auguste coiffé, ce que tu as gagné à ces sanglants tripotages ne te pèsera pas longtemps sur la tête ; et que ton ministre se hâte de jouir de son triomphe acheté ! *ce qui vient par la flûte s'en va par le tambour.*

Qu'est-ce que le droit de l'état de siége ?

C'est le pouvoir de faire et agir contre des concitoyens, comme l'a fait le porte-calotte ci-dessus cité contre des gens qu'il a proclamés ses ennemis : de tuer sans jugement tout ce que présente le doigt indicateur de la première dénonciation venue, et, quand la rage est assouvie, de ramasser tout le reste, pour le renvoyer souffrir sur les pontons, afin d'attendre le jugement, qui arrive si tard! devant un conseil de guerre.

Et l'on appelle ce pouvoir un *droit!*

Je concevrais le *droit* d'améliorer les coupables reconnus tels ; mais le droit de frapper le premier venu, de faire souffrir les autres, je demande dans quelle législature ce droit est consacré?

Je vous demande pardon de ce que je vais dire ; j'invoque l'histoire : c'est dans la législature des cannibales.

Et lorsqu'on pense que dans le nombre des victimes se rencontrent les meilleurs ouvriers et ouvrières de Paris, je pense que les Allemands seuls ont le *droit* de s'en féliciter ; car vous serez forcés de les prendre à la place de ces braves gens, si l'ouvrage presse. En cela, vous faites l'office de bons Français ! Voilà ce que je disais à la réaction de 1848 ; et la réaction m'a laissé dire : c'était beaucoup. Qui sait si, à cette réaction nouvelle, je jouirai de la même faveur ? Je le fais à tout hasard et à mes dépens ; je crois exercer un droit des plus sacrés.

Voulez-vous juger de la puissance des deux espèces de droit ?

Lisez, mes enfants, lisez la brochure d'un brave et digne Suisse, M. Fritz Berthoud (de Fleurier, Suisse, par Pontarlier), nommé cette année par le canton de Neufchâtel au conseil suisse des États ; en voici le titre

LA RETRAITE

DE

L'ARMÉE DE L'EST

EN SUISSE.

A côté de l'inépuisable sollicitude du peuple de la Suisse, vous y trouverez à chaque ligne les preuves palpables de l'impéritie du général, pour ne pas dire de sa trahison, et de la cruauté, à force d'insensibilité, de nos paysans si soumis à la voix des Prussiens. Partout en France le paysan s'est montré tel : il dénonçait les Français à nos ennemis, et n'aurait pas donné une bouchée de pain à un blessé, à un malade, à un homme affamé.

Honte et trois fois honte au paysan !

Honneur, trois fois honneur à l'homme de la ville !

Je serais d'avis que, pendant trois ans, le paysan illettré fût privé du droit de voter.

Honte à tous nos généraux qui ont eu la gangrène de leur auguste empereur ! ils ont avili la France et l'humanité, pendant que Mocquard aux environs du

Havre et de Rouen, Faidherbe dans la Somme et le Nord, et Garibaldi à Dijon et Autun, etc., avec une poignée de braves, faisaient mordre la poussière aux brutes féodaux de leur illustrissime buveur de champagne et voleur de pendules, qui ne se battait pas.

Or, à la paix, nous avons vu les distinctions et décorations pleuvoir sur les gens fidèles, et pas une sur ces intrépides défenseurs.

Chose incroyable !

Garibaldi, vénéré à Dijon et à Autun comme le sauveur de la contrée, s'est vu forcé d'abdiquer son titre de représentant de la France, devant les clameurs des Enfants de Jésus, cette peste lâche et sanguinaire de notre France devenue ingrate et démoralisée. Applaudissez, Français, à une pareille turpitude ; vous voyez comment Dieu vous bénit ¡¡¡

Nº XXII.

ÉPHÉMÉRIDES.

N. B. L'espace nous manque pour donner les éphémérides complètes (nous renvoyons à l'*Almanach pour* 1870). Nous nous contenterons cette fois de signaler quelques dates concernant les années 1870 et 1871.

AOUT

22 Ordre absurde, de Trochu, gouverneur de Paris, aux habitants de la banlieue, d'abandonner leurs maisons, de détruire leurs récoltes et de rentrer dans la capitale, 1870.

SEPTEMBRE

2 Sedan et Napoléon III. 1870 ¡¡¡
4 Déchéance de l'usurpateur et fuite d'une partie des chenapans qui contribuèrent à créer l'empire et en vécurent, 1870 !!!
17 Investissement de Paris par les Prussiens, 1870.
19 Abandon du plateau de Châtillon par l'impéritie des chefs et l'indiscipline des soldats, 1870 ¡¡¡
30 Attaque mal dirigée par nos généraux, sur les village de l'Hay et Chevilly. Néanmoins, nos troupes enlèvent les positions, escaladent les murs crénelés, et refoulent les Bavarois. A ce moment de succès, nos généraux font sonner la retraite, au grand étonnement des officiers et soldats, 1870.

OCTOBRE

13 Attaque de Bagneux et de Châtillon, au sud de

Paris, par les mobiles de la Côte-d'Or et de l'Aube qui, après trois heures de lutte, restent maîtres de ces deux villages. A ce moment le général Vinoy fait encore sonner la retraite et rentrer dans leurs cantonnements 27,600 hommes qu'il a tenus inactifs pendant l'action, 1870 ¡¡¡

26 Les dévastations, les vols, le pillage, par certains corps de mobiles, continuent de plus belle aux environs de Paris.

A Arcueil-Cachan, ce sont les mobiles de la Vendée et du Puy-de-Dôme qui se sont le plus livrés à ces déprédations. Les portes, volets, persiennes, parquets étaient brûlés ; il en était de même dans tout le village. On sciait au pied plusieurs centaines de nos arbres, non pour se chauffer, mais pour les vendre à des trafiquants de bois.

Mais tous les bataillons de mobiles ne se sont pas conduits avec une pareille furie. Nous citerons entre autres les mobiles de Seine-et-Oise et ceux de l'Ain qui campèrent aussi dans notre habitation et s'y conduisirent généralement d'après les règles de la discipline.

Cependant, un certain jour, un capitaine qui n'était pas de campement s'introduit clandestinement dans nos sous-sols ; il se met à faire des fouilles, des descellements, etc., qui, en peu d'instants, mettent une partie de ces lieux dans un état de ruines que l'on peut encore voir. Émus de ce bruit souterrain, des soldats descendent pour s'assurer de la cause, et ils trouvent, avec étonnement, le capitaine sur le fait ; ils le font rougir d'une action pareille, qu'à ce moment la loi martiale pouvait frapper de mort.

Ahuri et perdant la tête, ce capitaine remonte de la cave, rentre dans le vestibule en s'écriant : « C'est ici la maison des républicains, de Raspail, il faut tout y briser !... » et ce brave commence par tirer quelques coups de revolver sur les quatre statues qui décoraient depuis quatre-vingts ans cette pièce ; il les brise à coups de sabre et les jette à bas de leurs piédestaux.

Des mobiles d'une autre compagnie accourent au bruit de cette scène et traitent cet homme de lâche, lui intimant de cesser ces actes de dévastation et de vandalisme.

Pour donner un exemple, nous avons dénoncé le fait aux généraux et demandé que le coupable fût puni sévèrement.

Or, ce sont de braves jeunes gens pris parmi ceux qui se sont opposés à ces actes odieux, qui ont été punis de la prison,.... pour avoir manqué de respect à un officier dans la personne de ce capitaine ! — et nous attendons encore aujourd'hui que ce capitaine, qui a nom Marquis de Fréminville, soit poursuivi pour une tentative qui conduit en général un coupable de bas étage assez loin. Tout ce que nous avons pu obtenir à ce sujet, c'est la mise en liberté des braves soldats condamnés pour avoir pris ce capitaine *Fracasse* sur le fait d'une ACTION CRIMINELLE.

C'est sans doute à de tels exemples d'impunité de la part des chefs que tous les habitants de la commune d'Arcueil-Cachan sont également redevables des ruineuses dévastations commises par d'autres corps de

mobiles, moins probes que les mobiles de l'Ain. 1870.
28 Dans cette nuit du 28, quelques compagnies de *francs-tireurs de la Presse* (280 hommes) s'emparent, par un coup de main hardi, de la position du Bourget, village au nord de Paris. 1870 ! ! ! — Trochu, dans un ordre du jour, a le triste courage de blâmer ces braves jeunes gens, parce qu'ils ont agi sans ses ordres ¡ ¡ ¡
28 LIVRAISON de METZ et de 173,000 hommes de notre armée par BAZAINE ¡ ¡ ¡ ¡ ¡
30 Héroïque défense de Châteaudun et de Dijon, villes ouvertes. 1870 ! ! ! 35,000 Prussiens de la garde, appuyés de 40 pièces de canon, délogent du Bourget la poignée de braves que le général Trochu a laissés sans secours et sans vivres. 1870 ¡ ¡ ¡
31 La population parisienne, soulevée d'indignation à la nouvelle de nos désastres de la veille, se rend à l'Hôtel-de-Ville pour demander la levée en masse et de pouvoir procéder à des élections ayant pour but de confier nos destinées à d'autres hommes.
— A l'aide de quelques agents provocateurs, le jésuitisme fait tourner en une saturnale cette noble manifestation patriotique.

NOVEMBRE

3 Plébiscite de Trochu et consorts. — Coup d'escamotage.
29 Pendant le siége de Paris, il eût été maintes fois facile, avec l'élan de nos gardes nationaux, de forcer les lignes prussiennes sur certains points,

au sud de la capitale. Nos généraux semblent avoir choisi à dessein les points les plus accidentés et par conséquent offrant le moins de chances de succès. — Le 29 novembre, le général Ducrot sort de Paris en annonçant pompeusement qu'il n'y reviendra que « *mort ou victorieux*. » — Il y rentra vivant; son pont avait manqué pour passer la *Marne*. 1870.

DÉCEMBRE

2 Cette fois le pont réussit. Nos braves soldats s'emparent de Champigny, de ses hauteurs, et du plateau d'Avron. Puis le général Trochu fait sonner à un moment la retraite, tandis que le général ennemi en fait autant de son côté. — Le général Ducrot abandonne Champigny et les hauteurs et vient camper dans le bois de Vincennes. Depuis, ce général a dit à l'Assemblée de Bordeaux pour excuser son inconcevable conduite, « qu'il crai-« gnait un *mouvement démagogique* dans Paris et « voulait être prêt à le réprimer » (*sic*). 1870 ¡¡¡

2) Abandon du plateau d'Avron, où nos généraux n'ont fait établir aucun travail pour notre artillerie servie par les marins. 1870 ¡¡¡

JANVIER

3 Commencement du bombardement de Paris par les Prussiens. 1871.

19 Attaque admirable, par la garde nationale de marche, des hauteurs de Montretout, Buzenval, Garches, la Fouilleuse, etc. Absence de canons contre des murs trois fois crénelés. Le général Du-

crot arrive à son poste quatre heures en retard. Le général Trochu fait sonner la retraite et rentre dans Paris, accueilli par les imprécations des Parisiens. Il se voit forcé d'abandonner la présidence du gouvernement. — Les journaux ont rapporté un propos qui aurait été tenu dans l'état-major prussien, à la vue de tant de courage : « Trochu nous trahirait-il ? » — calomnie, assurément. 1871.

22 La population parisienne, indignée contre le gouvernement dit de la défense nationale, se prononce ouvertement pour une levée en masse. Les jésuites, tout-puissants dans le gouvernement, préparent une deuxième échauffourée qui dégénère en une sale émeute, sur la place de l'Hôtel-de-Ville. Les mobiles bretons du général Trochu, que celui-ci tenait depuis trois semaines dans les sous-sols, tirent sur la place. Des hommes armés ripostent ; ces hommes sont dirigés par un agent provocateur de très-vieille date et qui se tient dans un café voisin. — Résultat final : une centaine de passants ou de curieux, femmes et enfants, restent sur le pavé. 1871 ¡¡¡

A ce moment Jules Favre, Thiers et autres font déjà des démarches clandestines à Versailles pour préparer la plus honteuse de toutes les capitulations¡

28 Le général Trochu, qui avait promis de ne jamais capituler, fait signer la capitulation par son ami le général Vinoy. 1871 ¡¡¡

FÉVRIER

8 Élections de l'Assemblée de Bordeaux. 1871 ¡¡¡

N° **XXIII**.

NÉCROLOGIE.

JACQUES SAIGEY.

Ce nom sans doute est inconnu aux hommes étrangers à la science ; mais toute sa longue vie, il a été assez connu des membres de nos académies plus pieuses que savantes : car on les voyait chaque soir, au *café Procope*, rangés à tour de rôle le long de la table où Saigey prenait sa demi-tasse de café, pour lui soumettre le manuscrit de la lecture qu'ils devaient faire à la séance des immortels ; manuscrit qui retournait corrigé et augmenté par leur ami Saigey. A la lecture, ils avaient grand soin de ne pas parler de ce service rendu par un homme qui n'a jamais voulu être rien de ce qu'ils étaient tous si facilement, par la grâce du Saint-Esprit.

Vous allez vous attendre que cet homme désintéressé aura reçu à sa mort quelques preuves de ce pieux souvenir. Détrompez-vous : un seul ami l'a accompagné à sa tombe ; c'est son camarade à l'école normale, M. Barbet ; aucun *journal* de Paris ne lui a consacré deux lignes de citation ; et moi-même je n'ai appris sa mort que par le journal de *la Franche-Comté* (Besançon) du 23 septembre 1871, que m'a fait parvenir de cette localité M. Duchard.

L'instant de sa mort coïncidait avec une époque de troubles sur troubles, le 22 mai, jour de l'entrée des assiégeants de Versailles, où commencèrent les exécutions, sans jugement, d'une masse de citoyens, vieillards, femmes et enfants, et combattants, dans tous les quartiers de Paris. L'homme le plus paisible s'est éteint le jour de ce grand massacre.

Saigey (Jacques) est né en janvier 1797 à Montbéliard, patrie de Cuvier; sa mort à été constatée à Paris le 22 mai 1871 : il avait près de soixante-treize ans et demi; il était fils d'un boulanger.

Son père lui donna de l'instruction; aussi, à l'âge de vingt ans, au sortir du collége, il partit pour Paris, où il suivit les cours du collége de France et entra comme élève à l'école normale; il mérita, avec toute l'école, d'être expulsé, en 1822, par les Bourbons, que nous expulsâmes à leur tour, le 29 juillet 1830.

Notre connaissance date de 1825; nous nous rencontrâmes au *Bulletin universel des sciences* de M. de Férussac, où il occupait la rédaction de *physique* et de *chimie*, et moi celle de *botanique* et d'*agriculture*; les deux expulsés de l'université devinrent dès lors inséparables, jusqu'en 1835, époque de la chute du *Réformateur*, qui venait d'être ruiné par la fourberie des ministres de Louis-Philippe, ou plutôt de Louis-Philippe lui-même. Heureusement, en 1848, ce roi est devenu responsable, ainsi que ses ministres.

Jusqu'en 1836, Saigey s'est attaché à ma ligne politique, sans en avoir dévié un seul instant : DIX ANS D'AMITIÉ, c'est une belle garantie.

En 1836 il se sépara de moi; je n'ai jamais su pourquoi, ni lui non plus; je revins à Paris, acquitté à Rouen, et depuis lors je ne l'ai plus revu. Toutes les fois qu'il rencontrait le libraire Meilhac (le grand-père de l'auteur de *la Belle-Hélène*), qui jusqu'à sa mort m'a toujours conservé son amitié, il lui demandait de mes nouvelles : *Il va très-bien,* lui répondait notre ami commun ; *venez donc le voir !* Saigey baissait la tête et lui serrait la main. Il était alors lié avec son camarade de l'école normale, le libraire Hachette, qui venait de m'intenter un procès ; il avait ouvert pour le compte d'Hachette une fabrique d'instruments d'*histoire naturelle.* Dans cette mauvaise querelle, où la cour me donna raison, a-t-il dû faire un choix entre deux amis ? a-t-il été forcé d'opter pour celui avec lequel il était engagé ? c'est ce que j'ignore encore aujourd'hui après sa mort.

Ce qui me console en partie de la perte de nos bons rapports, c'est qu'aucun sentiment de haine ou de mauvaise humeur n'en a pris la place. J'ai demandé l'autre jour à M. Barbet, son collègue à l'école normale et son voisin, s'il lui avait expliqué le motif d'une aussi brusque séparation, inexplicable à mes yeux ; car je ne me souviens pas qu'il se soit jamais glissé l'ombre d'un mécontentement dans l'amitié qui nous a tenus liés l'un à l'autre pendant l'espace de dix ans :

« Il vous a traité de même que tous ses meilleurs
« amis, qu'il a abandonnés à leur tour, par un fonds
« de chagrin dont il ne nous a jamais révélé la véri-
« table cause. »

Je me rappelle souvent, avec un charme secret, les promenades scientifiques qui nous conduisaient, pendant la restauration, à mon champ d'observation, au milieu des carrières désertes de Gentilly; là j'avais établi les séries de mes observations sur les métamorphoses des espèces de graminées. Il cherchait des formules pendant que j'observais et disséquais, et nous nous retirions le soir pour nous remettre au travail; car notre vie n'était qu'une série d'études et d'attaques contre les intrigants de l'époque, lui contre le despotisme inepte d'Arago, moi contre les Decandolle, les Mirbel de la police, etc.; et chacune de nos attaques, toujours parfaitement motivées, après avoir fait monter jusqu'à Saturne la colère balbutiante d'Arago, le menait tout doucettement dans les antres de la police, pour nous dénoncer à la restauration, comme il avait dénoncé à Napoléon Lalande et Lamarck. A ces dénonciations, Polignac bondissait de rage chaque fois.

Polignac crut enfin avoir trouvé le moyen de briser le bout de sceptre que nous tenions au *Bulletin* de Férussac. Celui-ci était un peu trop dépensier de son naturel : il vivotait alors qu'il eût pu faire fortune. Polignac eut l'idée de lui offrir 30,000 francs de subvention, à la condition de placer le *Bulletin* sous les auspices du duc d'Angoulême, ce pauvre niais automatique de la famille royale.

Un jour de l'année 1828, jour où je portais la rédaction de mon mois au *Bulletin*, j'aperçois, sur la table du secrétaire général M. Depping, le nouveau titre de la couverture; aussitôt je demande une tête de lettre et je donne ma démission, en reprenant ma copie.

Je n'étais pas arrivé au bout de la rue, que j'entends courir après moi; c'était Saigey qui me dit : « Vous venez de donner votre démission; j'ai donné la mienne au-dessous de la vôtre. »

Cela nous ruinait à demi ; mais à la grâce de Dieu! et nous fondons les *Annales des sciences d'observation;* ce qui rabattit le caquet de Polignac et de sa bande.

La guerre fut rude, mais honorable pour nous ; et la révolution de 1830 arriva.

Je rentrai dans l'artillerie de la garde nationale; Saigey m'y suivit, dans la 1re pièce de la 4e batterie, qu'on appela la pièce *de la mort*, sans doute parce qu'elle était composée de savants et de médecins : d'endormeurs et de tueurs.

Plus tard je fondai le *Réformateur*. Auparavant j'avais placé Saigey auprès de Carrel au *National*, en qualité de rédacteur des *séances de l'académie des sciences*. Cela ne faisait pas l'affaire de *Jupiter Olympien;* le lendemain d'une séance, Saigey, ainsi que le rédacteur de la *Tribune*, se voit interdire l'entrée des *Archives de l'académie*, dont la porte était grandement ouverte à tous les *journaux* de la réaction; en même temps l'homme de police du château fit agir auprès de Carrel les grandes considérations secrètes, pour que Saigey en fût remercié. Saigey touchait 300 francs par mois au *National*, je lui en donnai 500 au *Réformateur;* et de ce moment, il n'est pas de platitude que Jupiter n'ait faite auprès de moi pour parvenir à se débarrasser du stigmate qui, tous les huit jours, venait frapper le coupable d'une pareille bassesse.

Après le *Réformateur*, j'ai perdu de vue mon intime et dévoué ami.

Je ne puis me refuser à soumettre à mes lecteurs une circonstance de cet homme si distingué et si chaste dans ses conversations, parce que peut-être là se trouvera la clef de l'amour pour la solitude qui, sur la fin de sa vie, a paru lui tenir lieu de quelques bizarreries d'une nature inexplicable; je rapporterai le fait sans aucun art et tel qu'il me l'a raconté lui-même, à la suite des premières émotions que le contre-coup lui avait portées.

Saigey, étant de la même ville que Cuvier, ne pouvait manquer de fixer l'attention du grand parvenu sous la restauration; il fut invité aux soirées, attiré surtout par l'amitié qui le liait à Laurillard, enfant comme lui de Montbéliard.

Laurillard passait pour le fils naturel de Cuvier; du reste il avait la même difformité que Cuvier; mais il resta toute sa vie le pauvre Ésope de son maître et aussi simple dans ses mœurs que l'a été Saigey lui-même. On peut bien dire que c'est Laurillard qui a fait le grand Cuvier, un peu aussi avec les soins de mademoiselle Cuvier. C'est Laurillard qui disséquait, dessinait et gravait même les planches d'anatomie dont la gloire revenait droit à Cuvier, alors moins occupé de la science que du conseil d'État, dont il passait pour être la lumière; lumière de borgne parmi ce tas d'aveugles! pour tout ce grand fracas de broderies, je ne donnerais pas l'allumette qui doit y mettre le feu. Quoi qu'il en soit, en bien des circonstances, Cuvier ne revoyait pas le travail que Laurillard sacrifiait à sa gloire, pas plus que Valenciennes, son gros sigisbé, sous le nom de son collaborateur.

Dans ce trio de modestes talents, Saigey fixa le cœur de la bonne et savante mademoiselle Cuvier la jeune. Cuvier finit par s'en apercevoir et il n'opposait aucun obstacle à leur mariage : il espérait avoir un nouveau collaborateur du genre de Laurillard. Mais il y mettait une condition à laquelle le caractère stoïque de Saigey refusa de se prêter : Saigey aurait dû consentir à accepter du gouvernement d'alors une place assez élevée.

Le refus de Saigey motiva son exclusion des soirées; et nos braves jeunes gens ne purent s'entretenir que par leurs rapports communs avec Laurillard. Mademoiselle Cuvier aurait accepté Saigey aussi pauvre qu'elle était riche ; sauf à faire le sacrifice de sa fortune.

Sur ces entrefaites, Cuvier proposa à sa fille un tout autre parti, dans la personne d'un banquier, qui l'aurait épousée sans doute pour sa dot. Mademoiselle Cuvier commença dès ce moment à tomber dans le marasme, qui marcha vite ; et notre banquier ne revint plus.

On permit alors à Saigey de retourner au logis, et dès ce moment il ne quitta plus notre pauvre malade ; mais il n'était plus temps : il eut le désespoir de la voir mourir dans ses bras. C'est lui qui l'ensevelit : aucune autre main profane ne toucha au corps de cette chaste personne ; il la déposa dans son cercueil de plomb ; il assista à la soudure.

Il la suivit à son tombeau, au cimetière Montmartre, où, chaque dimanche, il se rendait, pour y déposer plus de larmes que de fleurs. Et il est resté fidèle à sa jeune amie jusqu'à sa mort, abandonnant, chacun à leur tour, ses meilleurs camarades, et négligeant tout, jusqu'à la fortune, vu que rien ne pouvait effacer ce triste souvenir de son cœur.

Saigey, que je croyais riche, est mort dans une extrême pauvreté. Affaibli par la vieillesse, il était de fait l'ouvrier intelligent du mécanicien, son ouvrier.

Le 24 mai, la concierge de sa maison vint avertir M. Barbet, son voisin (rue des Feuillantines), que depuis deux jours M. Saigey n'était pas descendu et qu'il refusait de répondre.

M. Barbet courut prendre le commissaire de police, qui fit enfoncer la porte ; et ils trouvèrent Saigey debout contre son lit et comme en prière (il était protestant) : il commençait à se décomposer.

Le commissaire fit sortir le corps de la chambre à coucher, et plaça les scellés sur le peu que possédait ce sage.

Mais l'explosion de la poudrière du Luxembourg (le 26 mai) brisa les scellés et enfonça la porte ; et l'on ne trouva plus les traces du manuscrit qu'il se préparait à publier sur la *grande physique du globe*.

Qu'est devenu cet ouvrage ? Peut-être la proie de quelque plagiaire ; et il n'en manque pas autour de l'Institut.

TABLE DES MATIÈRES.

Nos	Pages
AVERTISSEMENT	3
Correspondance des années.	8
Comput ecclésiastique. — Quatre-Temps.	9
Fêtes mobiles.	9
Commencement des saisons en **1872**.	10
Éclipses.	10
Explications des abréviations et significations des mots employés dans les divers calendriers de ce livre.	11
Axiomes de météorologie pour l'intelligence de l'almanach météorologique.	16
Concordance ou triple calendrier, grégorien, républicain et météorologique pour l'année **1872**.	18
Note sur l'agenda agricole du précédent calendrier	31
PRÉVISION DU TEMPS pour chaque mois de l'année **1872**, d'après les principes du nouveau système de météorologie	32
Physionomie générale de chaque mois de l'année **1872**, d'après la table dressée en **1805**, par l'abbé L. Cotte. . .	38
Observations recueillies à l'observatoire de Paris pendant l'année **1815**, année qui, dans la période lunaire de 19 ans, correspond à la présente année **1872**.	42
Tableaux du lever et du coucher du soleil et de la lune pour chaque mois de l'année **1872**.	55
Nomenclature des nuages.	60
SUITE D'ORAGES d'un singulier caractère survenus après les deux siéges	65
ILLUSIONS VISUELLES dans les observations.	71
LES ROIS et les grands seigneurs de l'Europe peuvent, avec la tolérance de leurs confesseurs, avoir, si cela leur plait, un sérail, ainsi que le grand Seigneur de la Porte, et de leurs progénitures se faire presque les Saturnes. . . .	74
TORTURES DE TOUT GENRE contre un fils de Louis XV. — Jeux des rois avec la paternité. — Jeux des pères putatifs. — Mlle de Montmorency rappelée. — Mlle de Montmorency reléguée dans une retraite inconnue. — Retour en France du fils de Louis XV. — Services militaires du fils de Louis XV. — Apparition inattendue du fils de Louis XV. — Perfide triomphe de Blanchefort. — Reconnaissance du fils de Louis XV. — Nouvelle perfidie de Blanchefort. — Fuite du fils de Louis XV après la mort	

	Pages.
de son père et de son parrain. — Défense de Louis XVI au fils de Louis XV. — Horreurs royales. — Révolte des Prussiens contre de pareilles turpitudes. — L'Assemblée nationale obtient la liberté du fils de Louis XV. — Refus de secours par Louis XVI et toute sa cour au fils de Louis XV. — Nombreuses consolations de la part de l'Assemblée au fils de Louis XV. — Ses ennemis serrent leurs rangs. — La misère lui monte au cerveau. — L'Assemblée excuse cet acte de délire. — Souscription en faveur du fils de Louis XV, dans *le Moniteur*. — Tout change au 10 août. — Le fils de Louis XV prend le titre de citoyen. — Il monte à l'échafaud comme noble trois jours avant Robespierre. — Explications de cette infâme énigme de la royauté.	75
Confirmation de nos prévisions à l'égard de l'isthme de Suez	93
ECOLE DE MORALE établie à Compiègne sous le règne déchu.	101
LE SOLEIL, créateur de tout ce qui végète sur la terre. — hypothèse; le soleil s'éloigne. — Que devient l'âme? — Retour du soleil. — Baiser de deux cellules. — Expériences à ce sujet. — Mouvement plus visible. — Témoins de ce que j'avance. — Parenthèse humanitaire. — Retour à la thèse. — Universalité de la spire. — Pourquoi tout végétal vise à la verticalité. — Développement d'une fleur. — Division de la spire. — Augmentation progressive de l'atmosphère. — Généralité de la spiralité. — Cercle infini de créateurs créés et de créés créateurs.	103
LA TERREUR DE 93, œuvre des jésuites: Robespierre, Cérutti, Grouvelle, Fréron, fils de Fréron le jésuite. — Conséquences du terrorisme professé à outrance par les jésuites patents en faveur des jésuites cachés.	129
Avec deux pluriels comment on trompe l'histoire. — Origine inconnue des deux sociétés: *Aide-toi et le ciel t'aidera*, et des *Amis du peuple*.	139
PROGRAMME DE LA RÉPUBLIQUE FUTURE	155
Le droit de guerre, le droit de l'état de siège.	160
Fragments des Éphémérides (1870-1871).	165
Nécrologie. — Jacques Saigey.	171

Paris. — Impr. Paul Dupont, rue J.-J.-Rousseau, 41 (hôtel des Fermes).

NOUVEAU SYSTÈME DE CHIMIE ORGANIQUE, par F.-V. RASPAIL...
...

NOUVEAU SYSTÈME DE PHYSIOLOGIE VÉGÉTALE, par F.-V. RASPAIL...
...
Avec planches coloriées...

LES BÉLEMNITES FOSSILES RETROUVÉES DANS LEUR VIVANT, par F.-V. RASPAIL...

HISTOIRE NATURELLE DES ANIMALCULES ET DES REPTILES...
...

LA SONNETTE DU DONJON DE VINCENNES, par F.-V. RASPAIL...
pour 1858...

LA LORGNETTE DE DOULLENS...
par F.-V. RASPAIL...
Par la poste...

PROCÈS ET DÉFENSE DE F.-V. RASPAIL, pour 1848...
...
DÉFENSE À LA COUR DE PARIS...
Par la poste...

PROCÈS PERDU, GAGEURE GAGNÉE, OU MON DERNIER PROCÈS, 1858, par F.-V. RASPAIL, in-8°...

NOUVELLE DÉFENSE ET NOUVELLE CONDAMNATION DE F.-V. RASPAIL, 15,000 francs...
...

RÉPLIQUE AU SIEUR LÉON DUVAL...
Par la poste...

COLLECTION DE L'AMI DU PEUPLE...
...

N. B. — Les lettres non affranchies sont rigoureusement refusées. — Les envois se font en échange d'un mandat sur la poste ou sur une maison de Paris qui nous soit connue.

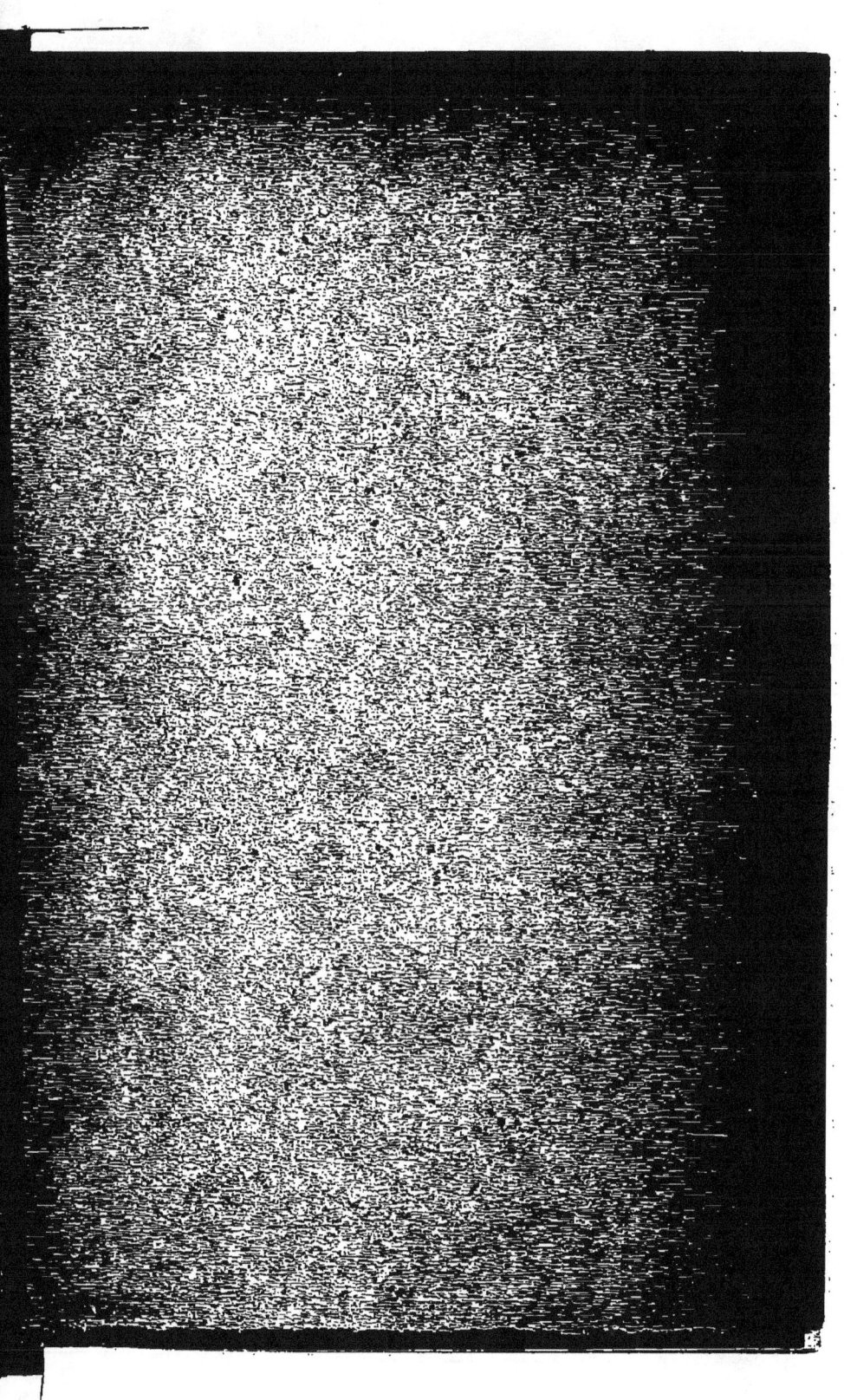

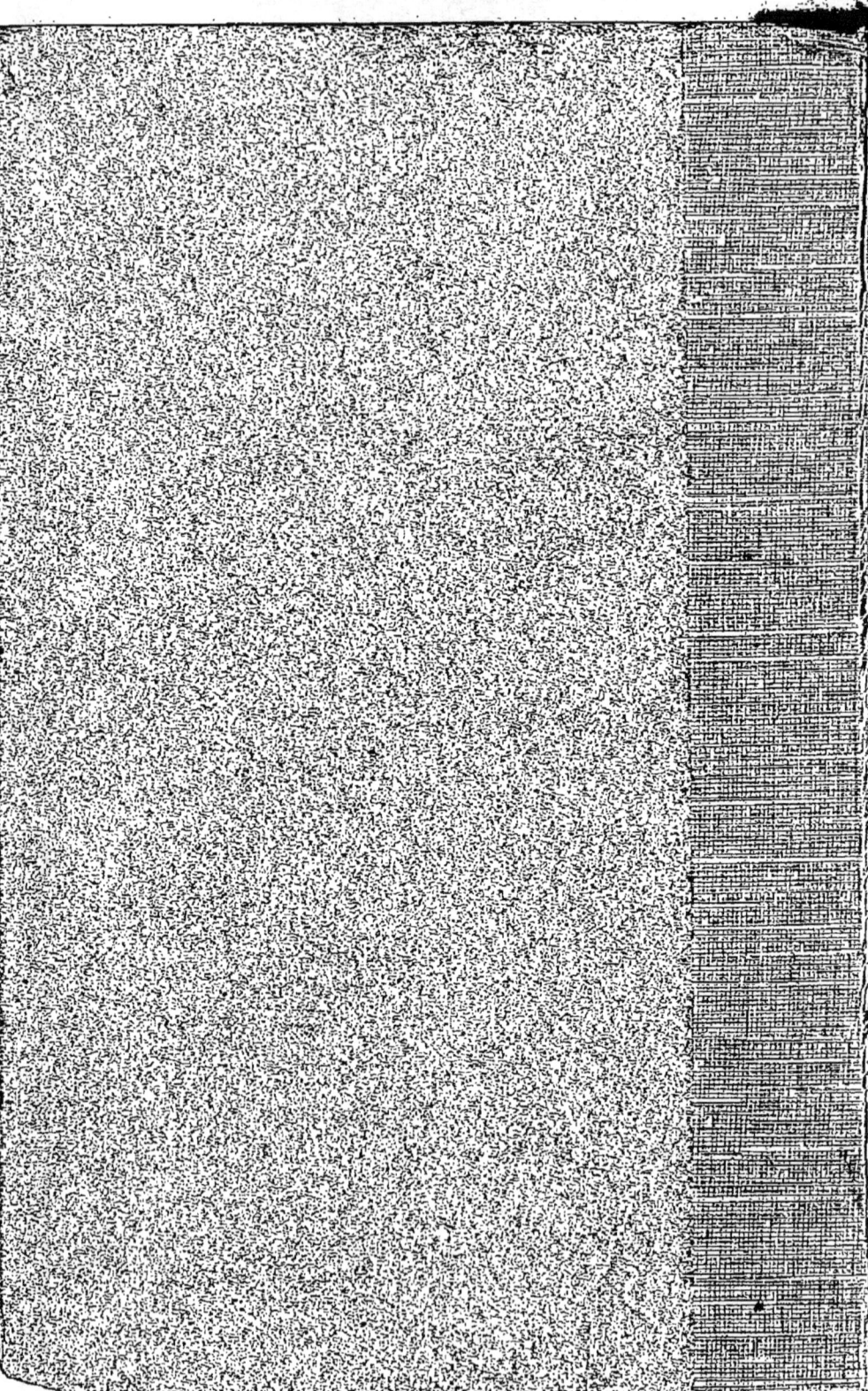

www.ingramcontent.com/pod-product-compliance
Lightning Source LLC
Chambersburg PA
CBHW060518090426
42735CB00011B/2279